矿　物

自然百科编委会　编著

中国大百科全书出版社

图书在版编目（CIP）数据

矿物 / 自然百科编委会编著 . -- 北京：中国大百
科全书出版社，2025. 1. --（自然百科）. -- ISBN 978-
7-5202-1678-4

Ⅰ . P57-49

中国国家版本馆 CIP 数据核字第 2025XN9593 号

总 策 划：刘 杭 郭继艳
策划编辑：李秀坤
责任编辑：李秀坤
责任校对：梁嬿曦
责任印制：王亚青
出版发行：中国大百科全书出版社有限公司
地 址：北京市西城区阜成门北大街 17 号
邮政编码：100037
电 话：010-88390811
网 址：http://www.ecph.com.cn
印 刷：唐山富达印务有限公司
开 本：710mm×1000mm 1/16
印 张：10
字 数：100 千字
版 次：2025 年 1 月第 1 版
印 次：2025 年 1 月第 1 次印刷
书 号：ISBN 978-7-5202-1678-4
定 价：48.00 元

本书如有印装质量问题，可与出版社联系调换。

——— 总 序

　　这是一套面向大众、根植于《中国大百科全书》第三版（以下简称百科三版）的百科通俗读物。

　　百科全书是概要记述人类一切门类知识或某一门类知识的完备的工具书。它的主要作用是供人们随时查检需要的知识和事实资料，还具有扩大读者知识视野和帮助人们系统求知的教育作用，常被誉为"没有围墙的大学"。简而言之，它是回答问题的书，是扩展知识的书。

　　中国大百科全书出版社从1978年起，陆续编纂出版了《中国大百科全书》第一版、第二版和第三版。这是我国科学文化建设的一项重要基础性、标志性、创新性工程，是在百年未有之大变局和中华民族伟大复兴全局的大背景下，提升我国文化软实力、提高中华文化国际影响力的一项重要举措，具有重大的现实意义和深远的历史意义。

　　百科三版的编纂工作经国务院立项，得到国家各有关部门、全国科学文化研究机构、学术团体、高等院校的大力支持，专家、学者5万余人参与编纂，代表了各学科最高的专业水平。专家、作者和编辑人员殚精竭虑，按照习近平总书记的要求，努力将百科三版建设成有中国特色、有国际影响力的权威知识宝库。截至2023年底，百科三版通过网站（www.zgbk.com）发布了50余万个网络版条目，并陆续出版了一批纸质版学科卷百科全书，将中国的百科全书事业推向了一个新的高度。

　　重文修武，耕读传家，是我们中国人悠久的文化传承。作为出版人，我们以传播科学文化知识为己任，希望通过出版更多优秀的出版物来落实总书记的要求——推动文化繁荣、建设中华民族现代文明，努力建设中国式现代化强国。

为了更好地向大众普及科学文化知识，我们从《中国大百科全书》第二版中选取一些条目，通过"人居环境""科学通识""地球知识""工艺美术""动物百科""植物百科""渔猎文明""交通百科"等主题结集成册，精心策划了这套大众版图书。其中每一个主题包含不同数量的分册，不仅保持条目的科学性、知识性、准确性、严谨性，而且具备趣味性、可读性，语言风格和内容深度上更适合非专业读者，希望读者在领略丰富多彩的各领域知识之时，也能了解到书中展示的科学的知识体系。

衷心希望广大读者喜爱这套丛书，并敬请对书中不足之处给予批评指正！

《中国大百科全书》编辑部

"自然百科"丛书序

在浩瀚的宇宙中，我们人类不过是一粒微尘，然而正是这粒微尘却拥有探索宇宙、理解自然、感悟生命的渴望。"自然百科"丛书旨在成为连接人类与自然万物的桥梁，通过《恒星》《太阳系》《山》《岩石》《矿物》《荒漠》《土壤》《湖》八个分册，带领读者踏上一段从宇宙深处到地球家园的多彩旅程。

《恒星》分册，我们从恒星形成讲起，它们不仅是夜空中闪烁的光点，更是宇宙历史的见证者。人类对恒星的观察和研究，不仅推动了天文学的发展，也让我们对宇宙有了更深的认识。

《太阳系》分册，我们将目光转向我们所在的太阳系，从太阳的炽热核心到遥远的柯伊伯带，探索八大行星的奥秘，以及那些无数的小天体。太阳系的研究，让我们对宇宙有了更深的理解，也让我们意识到在宇宙中，我们并不孤单。

《山》分册，我们回到地球，探索那些巍峨的山峰。它们塑造了地形，影响了气候，孕育了生物多样性。山与人类文明的发展紧密相连，无论是作为屏障还是通道，它们都是人类历史的重要组成部分。

《岩石》分册，我们深入地壳，了解构成地球的基石——岩石。岩石的种类、形成过程及它们在地质学中的作用，都是我们理解地球历史的关键。岩石是地球历史的记录者，它们见证了地球的变迁和生命的演化。

《矿物》分册，我们进一步探索岩石中的宝藏——矿物。矿物不仅是工业的原材料，也是自然界的艺术品。它们的独特性质和美丽形态，激发了人类对自然美的欣赏和对科学探索的热情。

《荒漠》分册，我们转向那些看似荒凉的荒漠。荒漠并非生命的禁区，而是适应极端环境生物的家园。荒漠的研究，让我们认识到地球生命的顽强和多样性，也提醒我们保护环境的重要性。

《土壤》分册，我们深入地球的皮肤——土壤。土壤能不断地供给植物所需的水分和养分，是农业生产的基本资料，是人类生存不可或缺的自然资源。对土壤的研究，让我们认识到土壤健康以及保护土壤的重要性。

《湖》分册，我们聚焦于那些静谧的湖泊。湖泊不仅是水资源的宝库，也是生态系统的重要组成部分。湖泊的研究以及它们对人类社会的影响，是我们理解地球水循环和保护水资源的关键。

"自然百科"丛书不仅是知识的汇集，也是启发思考的源泉。它帮助我们认识到，从宇宙到地球，每一个自然事物都与我们息息相关。通过这些知识，我们可以更好地理解我们所处的世界，更加珍惜和保护我们的自然环境。让我们翻开这些书页，一起探索、学习、感悟，与自然和谐共生。

自然百科丛书编委会

目　录

第3章 硫盐矿物 27

第4章 卤化物矿物 33

第5章 氧化物和氢氧化物矿物 39

第 1 章
自然元素矿物

自然铂

　　自然铂是自然元素矿物，化学成分为 Pt，晶体结构为等轴晶系，是最先发现的一种铂族自然元素矿物。成分中少量铁、铱、钯、铑、镍等元素常以类质同象混入，其中铁含量达 9% ～ 11% 时称为粗铂矿，更高时称为铁铂矿，最高可达 28%，自然铂大多是粗铂矿。自然铂多为不规则细小粒状或鳞片状集合体，偶见立方体 {100} 或八面体 {111} 的小晶体，砂矿中可呈块状。锡白色，含铁高时呈钢灰色。条痕钢灰色。金属光泽，不透明。无解理，断口锯齿状。莫氏硬度 4 ～ 4.5。密度为 21.5 克 / 厘米³（纯铂）。熔点 1774℃。强延展性。富含铁时微具磁性。电和热的良导体。自然铂化学性质极不活泼，在空气中不氧化，其耐酸碱的能力特别强，除了热王水外，不溶于任何酸中。自然铂化学稳定性和难溶性强，耐高温，因此用以制作高级化学器皿（实验室的坩埚），或与镍等制造特种合金，应用于电力工业、汽车用的接触反应转换器、心脏电子脉冲调节器、深潜防水手表。另外，自然铂是金属铂的主要来源。自然铂主要产于基性 - 超基性岩型岩浆矿床，尤其是纯橄榄岩内较为常见；其次是产于砂矿中，分布于含有自然铂的火成岩附近。自然铂

块状自然铂

的主要产地有俄罗斯的诺里尔斯克地区，加拿大安大略的萨德伯里、阿尔伯塔地区，南非德兰士瓦的兰德地区，美国的蒙大拿州、俄勒冈州的部分地区，澳大利亚西部的坎巴大地区等。

自然金

自然金是自然元素矿物，化学成分为 Au，晶体属等轴晶系。成分中常含银（Ag）、铜（Cu）等元素。由于 Au 和 Ag 的原子半径相近、晶体结构类型相同、地球化学性质相似，可形成完全类质同象系列。通常，将 Ag 含量为 0 ～ 15% 的称自然金，16% ～ 50% 的称银金矿，51% ～ 85% 的为金银矿，86% ～ 100% 的为自然银。国际矿物学协会新矿物命名及分类委员会根据 Au 和 Ag 含量关系将该系列矿物分为自然金（Ag ＜ Au）和自然银（Ag ＞ Au）两类。铜的原子半径较小，在高温时才可与金或银形成类质同象。铜与金可形成互化物铜金矿。另外，含钯 5% ～ 11% 者称钯金矿，含铋 4% 以上者称

块状自然金

铋金矿，富 Cu 和 Ag 者称银铜金矿。

自然金常呈不规则显微粒状，另外可见树枝状、鳞片状、纤维状自然金；外生成因的砂金可形成团块状集合体（俗称"狗头金"），重可达 285 千克。自形晶常见的单形有立方体 {100}、八面体 {111}、菱形十二面体 {110}、四六面体 {210} 及四角三八面体 {311}。一般深部形成者呈八面体 {111} 习性，中深部形成者呈菱形十二面体 {110} 习性，浅部形成者以四角三八面体 {311}、三角三八面体 {223} 或树枝状等更复杂的形态为主。

自然金的颜色与条痕色均为金黄色，但 Ag 含量高时呈银白色调，铜含量高时呈铜红色调；金属光泽，随 Ag 的含量增高光泽加强；不透明。无解理，莫氏硬度 2.5 ～ 3。强延展性，1 克纯金可抽成直径 4.34 微米，长 3500 米的细丝。纯金相对密度 19.3。热和电的良导体。化学性质稳定，仅溶于王水。熔点 1062℃。火烧后不变色。

自然金以中低温热液成因为主，少量也形成于中高温热液中，多见于黄铁矿、石英中。热液成因金矿床的主要类型有石英脉型、破碎蚀变岩型、变质砾岩型、沉积岩中细脉浸染型。自然金在表生条件下被迁移沉积甚至自生加大后可形成砂金型矿床。内生自然金的成色 [1000Au/（Au+Ag+ 其他金属组分）] 大于 850 者多形成于深部，850 ～ 750 者多形成于中深部，750 ～ 650 者多形成于浅部。

自然金是常见的金矿物，作为黄金的主要来源，可以制造货币、装饰品、各种防热涂料和精密电子仪器的拉丝导线等。

世界著名自然金产地有南非威特沃特斯兰德、乌兹别克斯坦的穆龙套、澳大利亚新南威尔士、美国加利福尼亚和阿拉斯加、加拿大安大略等。中国金矿产地有山东招远、台湾金瓜石、吉林夹皮沟、贵州紫木函和烂泥沟、湖北鸡冠咀、黑龙江团结沟等。

自然铜

自然铜是自然元素矿物，化学成分为 Cu，晶体属等轴晶系。原生自然铜中常含金（可达 2% ～ 3%）、银（可达 3% ～ 4%）、铁（可达 2% ～ 3%）等混入物，次生自然铜较纯净。自然铜的结构称为铜型结构，Cu 原子呈立方最紧密堆积，位于立方晶胞的角顶和各个面的中心，构成按立方面心排列的结构。完好晶体少见，主要单形有立方体、菱形十二面体、八面体和四六面体。简单接触双晶普遍，亦有穿插双晶。集合体常呈不规则树枝状、片状或扭曲的铜丝状、纤维状等。次生自然铜多呈粗糙的粉末状或片状、细脉状、致密块状等。

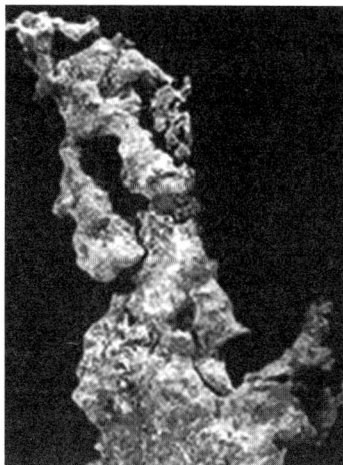

树枝状自然铜

新鲜自然铜表面为铜红色，金属光泽，铜红色条痕，不透明，无解理，断口呈锯齿状。但由于氧化的原因，自然铜表面会呈棕黑色或绿色氧化被膜。莫氏硬度 2.5 ～ 3，密度 8.4 ～ 8.95 克 / 厘米 ^{3}，具延展性，良导电性、导热性，熔点 1083℃。

自然铜是地质作用中还原条件下的产物，形成于原生热液矿床；或出现在含铜硫化物矿床氧化带下部，由铜的硫化物还原而成；自然铜作为交代砂砾岩的胶结物也可出现于含铜砂岩中。在氧化条件下不稳定，自然铜常转变为铜的氧化物和碳酸盐，如赤铜矿、黑铜矿、孔雀石、蓝铜矿等。世界著名的自然铜产地有美国密歇根州的苏必利尔湖南岸、俄罗斯的图林斯克和意大利的蒙特卡蒂尼等地。中国湖北、云南、甘肃、长江中下游等地铜矿床氧化带中皆有产出。

自然铜大量富集时可作为铜矿石开采。铜是一种重要的金属，其延性、导热性、导电性良好，易与锌、铅、镍、铝、钛形成合金，这些性能使铜及其合金广泛用于电器、车辆、船舶工业和民用器具等。

金刚石

金刚石是自然元素矿物，化学成分为 C，晶体属等轴晶系。金刚石型结构，即在金刚石的晶体结构中，每一个碳原子均被其他 4 个碳原子围绕，形成四面体配位，任何两相邻碳原子之间的距离均为 0.154 纳米，是典型的共价键晶体。自然界中存在极少量六方晶系的六方金刚石，是金刚石的另一种同质多象矿物。

金刚石分类的主要依据是微量元素氮（N）和硼（B）的含量：N 含量大于 0.001% 者为 I 型，小于 0.001% 者为 II 型。I 型金刚石按 N 的赋存状态分为：N 原子沿 {100} 聚集成片状分布的 I a 型和 N 原子置换碳（C）原子并出现一个未配对电子旋转于 C—N 键之间的 I b 型。II 型金刚石按含 B 情况分为：不含 B 的 II a 型和含 B 的 II b 型。当 N 分布不均匀时构成混合型。约 98% 的天然金刚石属于 I a 型。红外光谱是鉴别金刚石类型的主要方法。

金刚石最常见的晶形是八面体和菱形十二面体，其次是立方体和前两种单形的聚形，晶面常成凸曲面而使晶体趋近于球形；双晶常见，但一般以粒状产出。由放射状或微晶状集合体形成的粗糙圆球形的金刚石称为圆粒金刚石。

金刚石无色透明，常因所含微量元素的不同而呈不同色调：含铬呈天蓝色，含铝呈黄色，还可有褐、灰、白、绿、红、紫等色调，含石墨包体者呈黑色称为黑金刚石。有些金刚石可通过人工方法使之改色。晶面金刚石光泽，断口油脂光泽。解理 {111} 中等、{110} 不完全。莫氏硬度 10，显微硬度比石英高 1000 倍，比刚玉高 150 倍，是已知物质中硬度最高的。其中八面体晶面的硬度高于菱形十二面体晶面的硬度，高于立方体晶面的硬度。性脆，抗磨性强。不导电。疏水而亲油。折射率高达 2.40～2.48。具强色散性。质量最好的金刚石密度可达 3.53 克/厘米³，而黑金刚石仅为 3.15 克/厘米³。具半导体性。导热性好，室温下其导热率是铜的 5 倍。熔点高达 4000℃，金刚石加热到 1000℃时，可缓慢转变为石墨。空气中燃烧温度 850～1000℃。经日光曝晒后置暗室发淡青蓝色磷光。在 X 射线照射下发蓝绿色荧光，这一特性被用于选矿。

金刚石标本

金刚石主要产于金伯利岩或钾镁煌斑岩（金云火山岩）的岩筒或岩脉中，为高温高压产物。也产于冲积成因的砂矿中，砂矿金刚石约占世界产量的 90%。世界最著名的金刚石产地为南非金伯利地区、刚果（金）、澳大利亚西部、俄罗斯雅库特、美国阿拉斯加和巴西米纳斯吉拉斯等地。中国辽宁、山东、湖南和贵州等地均有发现。世界上最大金刚石产于巴西卡帕达迪亚，重 3148 克拉，属工业用金刚石。最大的宝石级金刚石为重 3106 克拉（1 克拉 =0.2 克）、大小为 10 厘米 ×6.5 厘米 ×5 厘米的"库里南"，1905 年发现于南非的普列米尔矿山。1955 年 2 月 15 日，美国以石墨为原料，在 2750℃和约 1010 帕的温度、压强条件下首次合成了金刚石。人造金刚石生产已很普遍，产量早已超过天然金刚石，工业应用三分之二来源于人造金刚石。

金刚石自古就是最名贵的宝石，以透明、无瑕疵、无色或微蓝为上品。其加工成品称为钻石。除作为宝石外，还可利用其高硬度制作仪表轴承、玻璃刀、表镶钻头；利用其高导热性制作微波器和激光器的散热片；利用其优良的红外线穿透性制造卫星和高功率激光器的红外窗口；利用其半导体性能制作整流器、三极管等。

石　墨

石墨（graphite）是自然元素矿物，化学成分为 C，晶体属六方或三方晶系。英文名称来自希腊文 graphein，可书写的意思，这与它能用作铅笔的原料有关。与金刚石、富勒烯、卡宾碳、赵石墨同属于碳的同质多象变体。天然石墨成分中含有许多杂质，如黏土矿物、氧化物矿物和沥青等。晶体结构属层状结构，碳原子按六方环状排列成层。由于层在垂直方向上的堆垛方式不同，产生两层重复的 2H- 石墨和三层重复的 3R- 石墨两种多型。自然界产出的石墨，大多数属 2H 型。石墨晶体呈六方片状，集合体多呈鳞片状、块状、土状。颜色及条痕均为黑色。晶体呈半金属光泽，隐晶质块体光泽暗淡。莫氏硬度 1～2。有滑感，易污手。密度 2.21～2.26 克 / 厘米 ^{3}。底面解理极完全。良好的导电性、导热性、润滑性和耐高温性（3000℃以上）。在空气中熔点高达 3850℃。化学性能极稳定，在常温下耐强酸、强碱，抗各种腐蚀气体及有机溶剂；但在 600～700℃高温有氧条件下，会缓慢氧化成二氧化碳。石墨最常见于大理岩、片岩或片麻岩中，是有机成因的碳质物经区域变质或接触变质而成。热变质作用可使煤层部分形成石墨。少量石墨是火成岩的原生矿物。石墨也常呈团块状，见于陨石中。中国是石墨资源大国、产销量均居世界首位，著名产地有山东南墅、黑龙江鸡西、吉林磐石、湖南鲁塘、新疆苏吉泉等地。世界石墨生产大国有俄罗斯、印度、斯里兰卡、马达加斯加、韩国、朝鲜、巴西、墨西哥等。

石墨是国家重要战略矿物原料之一，在现代工业领域有广泛的用途。用于生产机械润滑剂、核反应堆中子减速剂、化学催化剂、石墨－金属复合材料、石墨－陶瓷复合材料、特种耐火材料、高温坩埚、铸模涂料、导电涂料、电极、电刷、碳棒及人工合成金刚石的原料等。现代工业常用无烟煤或石油焦为原料，在电炉内加热，生产人造石墨，以满足近代工业对石墨的需求。

第 **2** 章

硫化物及其类似化合物矿物

辉银矿

辉银矿（argentite）是硫化物矿物，化学成分为 Ag_2S，晶体属等轴晶系。英文名称来自拉丁文"argentum"，是"银"的意思。成分相同，但晶体属于单斜晶系的称螺硫银矿。螺硫银矿产于低温条件，或由辉银矿在降温过程中发生同质多象转变而成。二者转变温度为 179℃。辉银矿和螺硫银矿含银量均为 87.06%，有时含铜、铅、铁混入物，是提炼银的重要矿物原料。晶体呈等轴状或立方体与八面体聚形，但很少见。主要呈粒状、块状、毛发状、树枝状等集合体。暗铅灰色至铁黑色。金属光泽。莫氏硬度 2 ~ 2.5。密度 7.2 ~ 7.4 克 / 厘米 ^{3}。辉银矿是典型的低温热液矿物，与方铅矿、闪锌矿、自然银、银的硫盐共生。中国许多铅锌矿中均有辉银矿、螺硫银矿产出，呈显微粒状包体形式，存在于方铅矿等硫化物矿物内。所以从铅锌矿石里综合提取

辉银矿块状集合体

银，也是银的主要来源。此外，辉银矿还广布于银硫化物矿床氧化带中。世界著名产地有墨西哥萨卡特卡斯、瓜纳华托和帕丘卡，挪威孔斯贝格，德国萨克森州施内贝格，美国内华达州卡姆斯托克等。

辉铜矿

辉铜矿（chalcocite）是硫化物矿物，化学成分为 Cu_2S，晶体属于正交（斜方）晶系。英文名称来自希腊文"chalkos"，意为铜。Cu_2S 的六方晶系高温变体，称为六方辉铜矿（105℃以上稳定）；等轴晶系高温变体，称等轴辉铜矿（460℃以上稳定）。在所有铜的硫化物中，辉铜矿的含铜量最高，达 79.86%；常含银，有时含铁、金、硒等，是提炼铜的重要矿物原料。晶体呈板柱状，但极少见；通常呈致密块状或烟灰状（粉末状）。新鲜面呈暗铅灰色，表面风化呈带锖色的黑色。金属光泽，不透明。解理平行 {100} 不完全。莫氏硬度 2.5 ～ 3.0。略具延展性，用小刀刻划留下光亮的沟痕。密度 5.5 ～ 5.8 克 / 厘米³。辉铜矿可以是内生热液成因的，也可以是外生成因，主要产于铜的硫化物矿床次生富集带中，是下渗的硫酸铜溶液交代黄铜矿、斑铜矿及黄铁矿等其他硫化物而成。在热液矿床中，辉铜矿呈块状与斑铜矿、黄铜矿共生。在地表条件下，易风化变成赤铜矿、蓝铜矿、孔雀石或自然铜。中国云南东川等地铜矿床中有大量辉铜矿产出。世界著名产地有

辉铜矿标本

美国阿拉斯加州肯尼科特、内华达州伊利、亚利桑那州莫伦西，俄罗斯乌拉尔的图林斯克，哈萨克斯坦科恩拉德，纳米比亚楚梅布等。

黄铜矿

　　黄铜矿（chalcopyrite）是硫化物矿物，化学成分为 $CuFeS_2$，晶体属四方晶系。英文名称来自希腊文 chalkos 和 pyrites，意指"含铜黄铁矿"。黄铜矿含铜 34.56%，常含有少量的锰、砷、锑、银、金、锌、铟、铋、硒、碲等元素。是炼铜的最主要矿物原料。中国商代或更早就用黄铜矿等铜矿物炼铜。颜色为黄铜色，但往往带有暗黄或斑状锈色。条痕绿黑色。金属光泽，不透明。莫氏硬度 3.5 ～ 4.0，性脆。密度为 4.1 ～ 4.3 克 / 厘米^3。不完全解理。能导电。晶体结构为闪锌矿型结构的衍生结构，即其单位晶胞类似于将两个闪锌矿晶胞叠置而成。晶体常见单形有四方四面体、四方双锥，但单晶较少见。常呈致密块状或分散粒状集合体。偶尔出现隐晶质肾状形态。黄铜矿是分布最广的铜矿物，也是仅次于黄铁矿分布最广的硫化物矿物。在与基性岩有关的铜镍硫化物岩浆矿床中，与磁黄铁矿、镍黄铁矿共生。在接触交代矿床中，黄铜矿充填于石榴子石或透辉石等夕卡岩矿物

黄铜矿标本

间。在中温热液矿床中，黄铜矿往往与黄铁矿、方铅矿、闪锌矿、辉钼矿及方解石、石英共生。在地表条件下，黄铜矿易于氧化、分解。可形成孔

雀石和蓝铜矿。在含铜硫化物矿床的次生富集带中，黄铜矿被次生斑铜矿、辉铜矿和铜蓝所交代。中国主要产区集中在长江中下游、川滇、山西中条山、甘肃河西走廊及西藏高原等地区，著名产地有江西德兴、西藏江达等。世界著名产地有美国亚利桑那州的比斯比、德国曼斯弗尔德、西班牙里奥廷托、墨西哥卡纳内阿、加拿大萨德伯里、智利丘基卡马塔等。

黄锡矿

黄锡矿（stannite）是硫化物矿物，化学成分为 Cu_2FeSnS_4，晶体属四方晶系，旧名黝锡矿。英文名称源于拉丁语 stannum，是化学元素锡的意思。含锡量 27.5%，含铜量 29.5%，常有锌替代铁，可能含有少量的锗，是提炼锡和铜的矿物原料。四方晶系，单晶体极少见。通常呈粒

黄锡矿（钢灰色）与石英

状块体或呈细微包裹体于其他矿物之中。微带橄榄绿色调的钢灰色，有时为稍带蓝色的灰色，当其成分中含较多黄铜矿包裹体时，则呈黄灰色。条痕黑色。金属光泽。莫氏硬度 3 ~ 4，性脆。密度 4.3 ~ 4.5 克 / 厘米 ^{3}。黄锡矿产于高温钨锡、中温多金属或铅锌热液矿床中，与黑钨矿、锡石、磁黄铁矿、黄铜矿、闪锌矿等共（伴）生。中国广西、湖南等地的锡矿床、多金属矿床中常见。玻利维亚的波托西为世界著名产地。

斑铜矿

斑铜矿（bornite）是硫化物矿物，化学成分为 Cu_5FeS_4，晶体属四方晶系。英文名称源于奥地利矿物学家 I.von 博恩的姓。斑铜矿含铜量 63.3%，常含少量铅、金、银等元素，是提炼铜的重要矿物原料。Cu_5FeS_4 的高温（228℃以上）等轴晶系变体称为等轴斑铜矿。当温度高于 475℃时，斑铜矿和黄铜矿形成固溶体；温度降低，二者分离，黄铜矿呈叶片状于斑铜矿晶体中。斑铜矿的晶体极少见，常呈致密块状或粒状集合体。新鲜断面呈暗铜红色，表面易氧化而呈紫蓝斑杂的锖色，中文取名与此有关。斑铜矿颜色的多样性主要是由铁的含量、形成温度及固溶体出溶的黄铜矿的含量造成的。条痕灰黑色。金属光泽。莫氏硬度 3，性脆。密度 5 ～ 5.5 克 / 厘米 ^{3}。解理不完全。具导电性。斑铜矿常呈致密块状或分散粒状见于各种类型的铜矿床中，主要产于热液矿床中，常与黄铜矿、辉铜矿、磁黄铁矿、黄铁矿、石英等共生。也产于岩浆型铜镍矿床和夕卡岩型多金属矿床中或形成于铜矿床的次生硫化物富集带中。在铜矿床次生富集带产出的斑铜矿，易被辉铜矿、铜蓝所交代。在氧化带或地表条件下斑铜矿易转变成孔雀石、蓝铜矿、

斑铜矿块状集合体

赤铜矿等。内生成因的斑铜矿常含有显微片状黄铜矿的包裹体，为固溶体分解的产物。次生斑铜矿形成于铜矿床的次生富集带，但并不稳定，往往被更富含铜的次生辉铜矿和铜蓝所置换。中国云南东川盛产斑铜矿。世界其他主要产地有美国蒙大拿州比尤特、智利丘基卡马塔、墨西哥卡纳内阿、秘鲁莫罗科查等。

闪锌矿

闪锌矿（sphalerite）是硫化物矿物，化学成分为 ZnS，晶体属等轴晶系。英文名称来自希腊文 sphaleros，意指鉴定时常与其他矿物混淆。英文"blende""zinc blende"是"sphalerite"的同义词。成分相同，而属于六方晶系的称为纤维锌矿。闪锌矿含锌 67.10%，通常含铁可高达 30%，含铁量大于 10% 的称为铁闪锌矿。此外，常含镉、铟、铊、镓、锗等一系列稀有元素，因此，闪锌矿不仅是提炼锌的重要矿物原料，还是提取上述稀有元素的原料。良好的闪锌矿的单晶可用作紫外半导体激光材料。纯闪锌矿近于无色，含铁者随含铁量的增多，颜色变深，呈浅黄、褐黄、棕色直至黑色（铁闪锌矿），透明度相应地由透明、半透明变成不透明，光泽由树脂光泽变为半金属光泽。条痕由白色至褐色。莫氏硬度 3.5 ~ 4.0。密度 3.9 ~ 4.2 克 / 厘米^3。随含铁量的增高，硬度增大而密度减小。具完全的菱形十二面体解理。具导热导电性，有时具发光性。富铁闪锌矿晶体形态几乎都是四面体状；而在低温条件下形成的浅色闪锌矿，晶体多呈菱形十二面体。通常呈粒状、致密块状或胶状集合体，单晶体常呈四面体，正形和负形的晶面上常见聚形纹。闪锌矿是分布最广的锌矿物，常见于各种高、中温热液矿床中，也常出现于接触交代矿床中。在高温热液矿床中的闪锌矿，常富含铁、铟、硒和锡，与毒砂、磁黄铁矿、黄铜矿等矿物共生；在中、低温热液矿床中的闪锌矿，则富含镉、镓、锗和铊，往往与方铅矿共生。在地表条件下，闪锌矿易风化成菱锌矿（化学成分为 $ZnCO_3$）。中国铅锌矿产地以云南金顶、广东凡口、青海锡铁山等最著名。世界著名产地有加拿大沙利文、美国密西西比河谷、澳大利亚昆士兰州芒特艾萨等地。

闪锌矿标本

方铅矿

方铅矿（galena）是硫化物矿物，化学成分为 PbS，晶体属等轴晶系。英文名称来自拉丁文 galene，因最初用它来命名铅矿石而得名。方铅矿含铅量 86.6%，常含有银、锌、砷、锑、铋、硒、碲等混入物。是分布最广的铅矿物，也是提炼铅或从中提取银的最重要矿物原料。中国古称"草节铅"。早在商代甚至更早就能利用铅矿石提炼金属铅。方铅矿中常含银。中国古代所开采的银矿，实际上很多是含银的方铅矿矿床。方铅矿具有氯化钠型晶体结构，表现为硫离子依立方体最紧密堆积，而铅离子充填于所有八面体空隙中，阴阳离子的配位数均为 6。晶体呈立方

方铅矿标本

体、八面体或立方体与八面体聚形，集合体常呈粒状和致密块状。呈铅灰色。条痕灰黑色。强金属光泽。莫氏硬度 2.5 ～ 2.7。密度 7.5 ～ 7.6 克／厘米^3。熔点 1115℃。具平行立方体 {100} 的完全解理。加碘化钾（KI）及硫酸氢钾（$KHSO_4$）与矿物一起研磨后显黄色。含铋（Bi）的亚种，则见有平行八面体 {111} 裂理纹。具弱导电性和良检波性。主要产于岩浆期后热液型和夕卡岩型矿床，除黄铁矿、黄铜矿、闪锌矿外，方铅矿是热液条件下分布最广的硫化物矿物之一，其中以中温热液过程为最主要。几乎都与闪锌矿共生，其他常见的共生矿物有黄铁矿、黄铜矿、磁黄铁矿、萤石、重晶石、方解石、白云石、石英等。在外生条件下，方铅矿会转变成白铅矿（$PbCO_3$）和铅矾（$PbSO_4$），或磷酸氯铅矿、钒铅矿等铅的其他化合物。由于这些化合物在地表条件下不易溶解，并在方铅矿表面形成皮壳，从而阻止方铅矿的进一步分解。中国著名铅锌矿产地有云南金顶、广东凡口、青海锡铁山、湖南山口等。美国新密苏里铅锌矿很大，仅铅的储量就达 3000 万吨。此外，澳大利亚新南威尔士州布罗肯希尔和昆士兰州的芒特艾萨、德国萨克森州弗赖贝格、英国康沃尔等地也盛产方铅矿。在陶瓷釉中作为熔剂可适量代替氧化铅。

辰　砂

辰砂（cinnabar）是硫化物矿物，化学成分为 HgS，晶体属三方晶系。中国古称丹砂、巴砂、朱砂、真朱、赤丹、丹粟等，是古代炼丹的重要原料。春秋战国后，丹砂在炼丹和医药方面得到广泛应用，并开始用于炼汞和提取汞的化合物。含有辰砂的条带迪开石，就是中外驰名的鸡血石。过去以湖南辰州（今沅陵）所产最佳，且以砂一样的细小颗粒出现，故得名。英文名称来自中世纪拉丁语 cinnabaris，还可能来自波斯语 zinjifrah，认为它与一种红色树胶相似。辰砂与等轴晶系的黑辰砂以及六方晶系的六方辰砂呈同质多象，其中六方辰砂在自然界中分布稀少。单晶常呈菱面体、厚板状或短柱状晶形，矛头状贯穿双晶常见；集合体呈粒状、块状或皮膜状。猩红色，有时表面呈铅灰色的锖色。纯者呈朱红色，条痕朱红色，金刚光泽，半透明；含杂质者呈褐红色，条痕褐红色，光泽暗淡。柱面解理完全。莫氏硬度 $2\sim2.5$，性脆。密度 $8.0\sim8.2$ 克/厘米^3。成分纯净者不导电，若含 0.1% 硒或碲时，导电性显著增强。低温热液成因。常与辉锑矿、雄黄、雌黄、隐晶质石英、黄铁矿、方解石、重晶石等矿物共生。有时可有外生成因的辰砂，形成于氧化带的

辰砂标本

下部，由黑黝铜矿（含汞可达 13.71% 的黝铜矿）分解而成。辰砂含汞 86.2%，几乎是提炼汞的唯一原料，其晶体是激光技术的重要材料。中医学用以安神、镇定，主治癫狂、惊悸等症。经火炼有剧毒。中国是辰砂主要出口国之一，以湖南新晃侗族自治县和贵州铜仁、江西婺源最为著名。1980 年 6 月于贵州岩屋坪采得一个巨大辰砂晶体，长 65.4 毫米，宽 35 毫米，高 37 毫米，净重 237 克，是罕见的珍品。世界著名的产地有西班牙的阿尔马登和恩特里迪科、美国内华达州的麦克德米特等。

铜 蓝

铜蓝（covellite）是硫化物矿物，化学成分为 CuS 或 Cu_2CuS_2S，晶体属六方晶系。英文名称来自意大利矿物学家 N. 科维利的姓氏，为纪

念他在维苏威发现了这种矿物而取名。含铜量 66.48%，可含少量铁、银、硒、铅等混入物，是提炼铜的矿物原料。铜蓝呈靛蓝色，中文名与此有关，呵气后变紫色。灰黑色条痕。金属光泽或光泽暗淡。不透明，极薄者透绿光。

铜蓝片状集合体

具有完全的底面解理。莫氏硬度 1.5～2.0。密度 4.59～4.67 克/厘米^3。晶体具层状结构，单晶板状、细薄片状，通常呈被膜状或烟灰状集合体。

铜蓝是炼铜的主要矿物原料之一。铜蓝主要是外生成矿作用的产物，产于铜的硫化物矿床次生富集带中，与辉铜矿等矿物共生，组成含铜量很高的富矿石。偶见于热液矿床和火山喷气矿床中，在火山熔岩中也有发现，是硫质喷气作用的产物。在地表条件下，铜蓝易氧化形成铜的氧化物、碳酸盐类的次生矿物。最常见的是赤铜矿、孔雀石、蓝铜矿等。著名产地有俄罗斯乌拉尔布利亚温、塞尔维亚博尔、意大利撒丁岛的卡拉博纳、美国蒙大拿州的比尤特等地。

辉锑矿

辉锑矿（stibnite）是硫化物矿物，化学组成为 Sb_2S_3，晶体属正交（斜方）晶系。英文名称来自希腊文"stimmi"或"stibi"，含义为"锑"，意指含锑的矿物。含锑71.4%。单晶常呈柱状或针状晶体，柱面有纵向聚形纹，晶体常弯曲；集合体呈针状、柱状、束状、放射状、块状和晶簇状。常见压力双晶。铅灰色，晶体表面常带蓝的锖色。条痕灰黑色。金属光泽。辉锑矿和方铅矿有时看来颇为类似，但是比方铅矿轻，晶形亦不相同。莫氏硬度2～2.5。薄片具有挠性。常见擦痕，易揉皱变形，属弱塑性矿物。密度4.50～4.65克/厘米^3。可见内部环带结构。解理平行{010}完全，解理面上常有横向聚片双晶纹。遇氢氧化钾产

晶簇状辉锑矿

生橙黄色沉淀。α粒子能激发出脉冲导电性。热导率异向性明显，沿a、b、c轴热导率之比为1.3：1：1.8。易熔（546℃熔化，约650℃开始挥发）。

辉锑矿是分布最广的锑矿物。主要产于低温热液矿床中，呈脉状或层状产出，与辰砂、石英、重晶石、萤石、方解石等共生。在含金石英脉和多金属矿床中，与铜、铅、锌、锑、铁等硫化物共生；在氧化带中易分解成锑的氧化物，转变成锑华、锑赭石、黄锑华等。中国锑储量居世界首位，湖南、广东、广西、贵州、云南都盛产辉锑矿，其中湖南新化锡矿山锑矿闻名于世。世界其他著名产地有玻利维亚的卡拉科托、南非的默奇逊等。辉锑矿是生产锑和锑化物的重要矿物原料，可用作防腐材料（锑铅合金）、高级半导体材料（铟锑、镓锑、铝锑等）和塑料、油漆、橡胶、纺织品的阻燃剂等。

辉铋矿

辉铋矿（bismuthinite）是硫化物矿物，化学成分为Bi_2S_3，晶体属正交（斜方）晶系。名称与其成分主要为铋（bismuth）有关。常有铅、铜、锑、硒替代铋。辉铋矿晶体呈长柱状或针状，集合体呈放射柱状、毛发状、粒状或致密粒状。微带铅灰色的锡白色。金属光泽。莫氏硬度2～2.5。密度6.5～6.8克/厘米^3。一组平

针状辉铋矿

行 {010} 完全解理。性脆。磨光性良好。辉铋矿是分布最广的铋矿物，但极少形成以辉铋矿为主的独立矿床。它主要产在伟晶岩、接触变质矿床及高、中温热液矿床等以其他金属为主的矿床中。如中国赣南一带的钨锡矿床、玻利维亚波托西锡银矿床、美国科罗拉多州莱德维尔和科尔曼铅锌矿床中均富产辉铋矿。在地表辉铋矿易风化成铋华（Bi_2O_3）、泡铋矿（$Bi_2[CO_3]O_2$）等铋的氧化物或碳酸盐。辉铋矿中，含铋量达81.3%，是提炼铋和制取铋化合物的最主要矿物原料；铋在药品、化妆品、冶金添加剂领域得到大量应用。

雄　黄

雄黄（realgar）是硫化物矿物，化学成分为 AsS，晶体属单斜晶系，又称鸡冠石。英文名称来自阿拉伯语 rahjal-ghar，意思是"矿山的粉末"。

呈短柱状的完好晶体比较少见，晶面具纵纹，常呈粒状、块状、皮壳状或土状集合体。长期暴露于日光和空气中会转变成为黄色粉末，灼烧时有蒜臭味。橘红色，条痕淡橘红色。晶面为金刚光泽，断口呈油脂光泽，透明-半透明。莫氏硬度 1.5～2。密度3.56克/厘米³。熔点很低（310℃）。解理完全，双晶未见。性脆。不易磨光。雄黄是典

柱状雄黄

型的低温热液矿物，常与雌黄共生并构成连晶。在锑、汞矿床中常与辉锑矿、雌黄、辰砂等一起出现。温泉沉积物中也有产出。雄黄含砷70.0%，主要用于提取砷和制备砷化物；是制造颜料、焰火、玻璃等的原料；也是传统中药材，具杀菌、解毒功效。中国是雄黄的主要出产国，湖南慈利、石门交界的牌峪雄黄矿为当今世界之最。世界其他主要产地有罗马尼亚、德国、瑞士等。

雌　黄

雌黄（orpiment）是硫化物矿物，化学成分为 As_2S_3，晶体属单斜晶系。英文名称来自拉丁语 aurum 和 pigmentum，金黄色的意思。完好晶体呈板状或柱状，集合体常呈纤维状、叶片状、肾状、球状、粉末状等。柠檬黄或金黄色，有时微带浅褐色，条痕鲜黄色。显微镜反射光下呈灰白色到浅灰色，具较强的内反射和多色性，具弱－稍强的非均质性。

透明到半透明，金刚光泽至油脂光泽，解理面珍珠光泽。极完全解理，解理片具挠性。莫氏硬度 1.5～2。不易磨光。测量密度为 3.49 克/厘米^3，计算密度为 3.48 克/厘米^3。雌黄是典型的低温热液矿物，经常与雄黄、辉锑矿、毒砂、黄铁矿、闪锌矿、自然砷等

雌黄与方解石共生

共生。可见其呈皮壳状构造或束状聚晶覆盖在雄黄表面，为雄黄蚀变而成。也见于火山喷发物中，与自然硫、氯化物等共生。中国著名产地有湖南慈利、云南南华等。湖南新晃县曾发现长达 5 厘米的雌黄晶体，闻名于世。世界主要产地有秘鲁、美国犹他州、格鲁吉亚、德国萨克森、罗马尼亚等。雌黄含砷 60.91%，主要用于制取砷和砷化物；还可用于生产红外透射玻璃、油布、油毡、半导体、光电导体材料、颜料和烟花等；与熟石灰混合，在制革工业还可用作脱毛剂；也是传统的中药材，具杀菌、解毒功效。

辉钼矿

辉钼矿（molybdenite）是硫化物矿物，化学成分为 MoS_2，晶体属于六方或三方晶系。英文名称来自钼（molybdenum）。辉钼矿在自然界有 2H 和 3R 两种多型，彼此的物理性质极为相似。晶体呈板状、片状，通常以片状、鳞片状或细小分散粒状产出。呈铅灰色。强金属光泽。莫氏硬度 1 ～ 1.5。密度 4.7 ～ 5.0 克 / 厘米 ^{3}。平行底面极完

与石英共生的辉钼矿

全解理。薄片有挠性，有滑腻感，不易磨光。辉钼矿是分布最广的钼矿物，主要产于高温和中温热液或夕卡岩矿床中，与黑钨矿、锡石、

辉铋矿等共生或与石榴子石、透辉石、白钨矿、黄铜矿、黄铁矿等共生。热液矿床中的辉钼矿多为三方晶系的 3R 型变体。接触交代矿床中的辉钼矿多为六方晶系的 2H 型变体。在地表易风化成钼华（MoO_3）。美国科罗拉多州的克莱马克斯、尤拉德－亨德森是世界著名辉钼矿产地。中国河南、陕西、山西、辽宁等省也都有产出，总储量居世界首位。辉钼矿含钼 59.94%，是提炼钼的最主要矿物原料。在 3R 型或 3R+2H 混合型的辉钼矿中含有稀有元素铼，是自然界已知含铼最高的矿物，也是提炼铼的最主要矿物原料。

黄铁矿

黄铁矿（pyrite）是硫化物矿物，化学组成为 FeS_2，晶体属等轴晶系。黄铁矿的英文名称来自希腊文 pyr，是发光的意思。黄铁矿含铁量 46.55%，硫含量达 53.45%，工业上又称硫铁矿，是提取硫、制造硫酸的主要矿物原料。因含硫量高，一般不用作炼铁原料。黄铁矿中常有钴（Co）、镍（Ni）和砷、硒分别替代铁和硫形成类质同象取代，其 Co/Ni 比值可用于判定黄铁矿成因。成分与黄铁矿相同，而属于斜方晶系的白铁矿，是黄铁矿的同质多象变体。黄铁矿是重要的载

立方体黄铁矿

金矿物，金矿物通常在黄铁矿中以包体金和裂隙金等形式存在。有时含有锌、锑和铜等，多呈细微的包裹体分散在黄铁矿中，含量较多时可综合利用。

黄铁矿常见的晶形是立方体、五角十二面体、八面体及其聚形。立方体晶面上常有平行于晶棱方向的条纹。十字贯穿双晶比较少见。热液条件下，见有黄铁矿成晶须状产出。在沉积环境、热液环境和现代大洋热液活动的沉积产物中，见黄铁矿有细粒的多晶体聚集成草莓状，称"草莓状黄铁矿"，还有棒状等多种形貌。胶状黄铁矿内部由黄铁矿纳米粒子聚集而成，常见多层环带。

黄铁矿呈浅铜黄色，表面常有黄褐色、锖色。显微镜反射光下呈黄白色，均质；某些黄铁矿常呈现弱或明显的非均质性，由蓝绿色到橘红色。褐黑或绿黑色条痕。强金属光泽。不透明。硫的亏损可使颜色增深和光泽增强。莫氏硬度 6 ～ 6.5，性脆。密度 4.9 ～ 5.2 克 / 厘米^3。黄铁矿具合适禁带宽度，较强光吸收和光电转换效率，可用作太阳能电池材料。具顺磁性和弱导电性，但导电性随结晶方位和成分变化而不同，当成分接近理论值时为不良导体，硫亏损多时为良导体。还具有热电性和检波性。

黄铁矿是自然界分布最广的硫化物矿物，常在还原条件的中性或弱酸性介质中形成，可在各种类型矿床中出现，主要矿床类型为金矿床和多金属硫化物矿床。黄铁矿常与铜、铅、锌、铁的硫化物和磁铁矿等氧化物共生。在地表条件下易风化成褐铁矿，并常见褐铁矿依黄铁矿晶形而成的假象。在干旱地区矿床氧化带中，黄铁矿易分解而形成黄钾铁矾、针铁矿等铁的硫酸盐或氢氧化物。世界上最著名的黄铁矿产地是西班牙的里奥廷托，其矿石储量 10 亿吨以上，使西班牙成为世界上黄铁矿的最大开采国。中国是世界上黄铁矿资源丰富的国家之一，探明储量居世界前列。主要分布在广东、安徽、四川、贵州、甘肃、浙江、湖南、内蒙古等省、自治区。著名的产地有广东英德、安徽马鞍山、甘肃白银、山西阳泉、浙江龙游等。

第 3 章

硫盐矿物

硫盐矿物是金属阳离子与硫砷、硫锑或硫铋络阴离子结合而成的一类矿物，又称含硫盐矿物或磺酸盐矿物。硫盐矿物中络阴离子最基本的形式为三棱锥状的 $[AsS_3]^{3-}$、$[SbS_3]^{3-}$ 或 $[BiS_3]^{3-}$。锥状络阴离子又可进一步相互连接成多种复杂形式的络阴离子，而且在某些硫盐矿物中还同时存在着两种不同形式的络阴离子，彼此相间交替，使晶体结构复杂化。依据晶体结构，作为硫盐矿物的判断依据是矿物中不存在金属元素（Me）和半金属元素（SME）之间的化学键。由于硫盐中存在具有孤电子对活性的 As^{3+}、Sb^{3+}、Bi^{3+} 等，导致这些半金属元素具有不对称配位，从而造成了结构的复杂性和化合物的特殊性，使硫盐矿物与其他硫化物矿物类区分开来。

按络阴离子的成分，硫盐矿物可分为砷硫盐、锑硫盐和铋硫盐，或者其间的组合。碲黝铜矿是碲硫盐的唯一天然产出矿物。与络阴离子相结合的金属阳离子主要是铜、铅、银。从化学组成上硫盐矿物可以认为是由磺基（Ag_2S、Cu_2S、CuS、PbS 等）和磺酐（As_2S_3、Sb_2S_3、Bi_2S_3）两部分按不同整数比组合而成。如黝铜矿 $Cu_{12}Sb_4S_{13}$ 可表示为 $5Cu_2S \cdot 2CuS \cdot 2Sb_2S_3$，两部分的比例为 7 ：2。

　　大多数硫盐矿物呈铅灰、钢灰、铁黑等金属色，半金属光泽，性脆，加以硫盐矿物通常结晶细小，从物理性质上彼此较难区别。自从电子探针微区分析方法问世以来，对硫盐矿物新种的发现有了很大突破。至21世纪初，已确定的硫盐矿物有230多种。硫盐矿物对称程度较低，主要结晶成单斜或斜方晶系。完好晶形罕见，主要呈块状、粒状、柱状或纤维状集合体。呈片状双晶或复杂双晶。由于硫盐矿物与硫化物矿物结构相容，二者易连生在一起，构成晶体浮生现象，如黝铜矿生长在黄铜矿或闪锌矿晶体表面。多数硫盐矿物呈钢灰色或铅灰色。金属光泽。不透明。密度 4 ～ 7 克 / 厘米 ^{3}。莫氏硬度 2 ～ 4。熔点低。易被酸分解。由于硫盐矿物结晶细小、物理性质又很相似，有时要鉴别它们是困难的。自从电子探针微区分析用于鉴定矿物以来，硫盐矿物新种不断发现。

　　绝大部分硫盐矿物是中、低温热液成因，并且往往为热液矿床中较后或最后阶段析出的矿物。它们在矿石中的分布一般零星稀散，只在个别矿床中才有较大数量的集中。如中国广西大厂，查明有20多种硫盐矿物产出，其中脆硫锑铅矿特别富集。通常硫盐矿物与其他伴生的金属硫化物一起，用于提炼铜、铅、银等有色金属，而其中尤以提炼银和稀有元素铊最具工业意义。某些硫盐矿物的单晶，如淡红银矿，是重要的激光材料。

　　硫盐矿物的严格分类和命名要比其他矿物族复杂得多。一些硫盐矿物族已经可以在晶体化学基础上进行分类，而另一些矿物的分类则需留待以后实现，只能按照纯化学原理进行分类。导致硫盐矿物的定义的扩展，从而使得硫盐矿物的种类有所增加。科学家认为自然界除了大量存在 As^{3+}、Sb^{3+}、Bi^{3+} 和 Te^{4+} 的传统硫盐矿物外，还存在一些数量有限的非传统硫盐矿物，如 As^{5+} 和 Sb^{5+} 的硫盐矿物，以及锡硫盐和少数锗硫盐、钒硫盐、钨硫盐和钼硫盐矿物，尚有硒和碲与三价 As、Sb 和 Bi 形成的不常见的硒盐和碲盐，此外，还包括了一些兼具硫化物和其他化学组成结构性质的硫盐矿物。

黝铜矿

黝铜矿（tetrahedrite）是硫盐矿物，化学成分为 $Cu_{12}Sb_4S_{13}$，晶体属等轴晶系。英文名称源于其单晶体常呈典型的四面体（tetrahedron）状。黝铜矿与砷黝铜矿呈类质同象系列（$Cu_{12}Sb_4S_{13}$–$Cu_{12}As_4S_{13}$）。砷黝铜矿（tennantite）是为纪念英国化学家 S.坦南特而取名。黝铜矿成分中的铜可被铁（Fe）、银（Ag）、锌（Zn）、汞（Hg）、铅（Pb）、镍（Ni）等元素置换。当某种元素达到一定含量时，则构成相应的变种，如银黝铜

黝铜矿四面体与立方体之聚形

矿（含 Ag 达 18%）、黑黝铜矿（含 Hg 达 17%）、铁砷黝铜矿（含 Fe 达 10.9%）等。黝铜矿和砷黝铜矿呈钢灰色，富含铁的变种呈铁黑色。金属至半金属光泽。无解理。莫氏硬度 3 ～ 4.5。密度 4.6 ～ 5.1 克 / 厘米^3。砷黝铜矿的硬度大于黝铜矿，密度比黝铜矿低。黝铜矿和砷黝铜矿是分布最广的铜的硫盐矿物。通常呈粒状或致密块状，产于铜、铅、锌、银等金属硫化物热液矿床中，与黄铜矿、斑铜矿、方铅矿等硫化物共生。由于在矿床中的数量一般不多，只能与其他伴生的铜矿物一起作为铜矿石利用。银黝铜矿也是银的矿物原料之一。世界著名产地有美国爱达荷州的桑夏恩、玻利维亚的波托西等。中国一些多金属硫化物矿床中，有不同数量的黝铜矿和砷黝铜矿产出。

浓红银矿

浓红银矿（pyrargyrite）是硫盐矿物，化学成分为 Ag_3SbS_3，晶体属三方晶系，又称深红银矿或硫锑银矿。英文名称源于希腊文"fire"和"silver"，包含火红的颜色和成分中含银两层意思。含银量 59.76%，是银的重要矿石矿物。浓红银矿呈暗红或暗樱红色，粉末呈暗红色。金刚光泽。莫氏硬度 2 ～ 2.5。密度 5.77 ～ 5.86 克 / 厘米^3。解理完全。

浓红银矿晶体

晶体呈两端不对称的异极形短柱状，双晶常现。通常呈粒状、块状集合体产出。浓红银矿主要产于低温热液成因的铅锌银矿床中，与方铅矿、淡红银矿、自然银、辉银矿、银的硫盐、方解石、石英等矿物共（伴）生。中国许多铅锌银矿床中，常见浓红银矿。玻利维亚波托西和奥鲁罗、墨西哥帕丘卡、德国弗赖贝格萨克森、新西兰豪拉基、美国托诺帕等银矿床中有较多产出。

淡红银矿

淡红银矿（proustite）是硫盐矿物，化学成分为 Ag_3AsS_3，晶体属三方晶系，又称硫砷银矿。英文名称是为纪念法国化学家 J.L. 普鲁斯特而取名。晶体呈两端不对称的短柱状，常呈粒状或致密块状集合体产出。新鲜断面呈深红色或朱红色，晶体表面易氧化被暗黑色薄膜所覆盖。粉末呈鲜红色。金刚光泽。解理完全。莫氏硬度 2 ～ 2.5。密度 5.57 ～ 5.64 克 / 厘米 ^{3}。淡红银矿是低温热液作用的产物。在铅锌、银矿床中，与辉银矿、自然银、浓红银矿等银矿物共（伴）生，是重要的银矿石

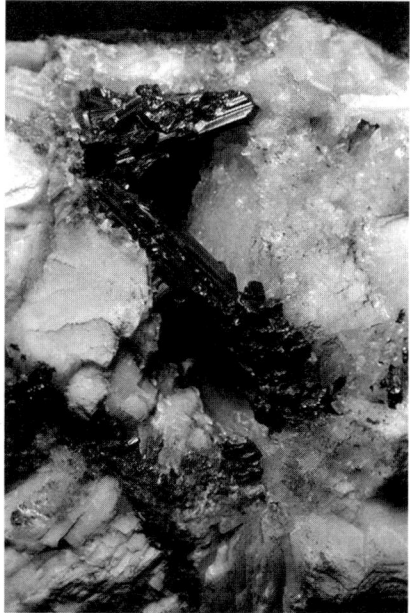

淡红银矿晶体

矿物，其单晶体还是激光材料。中国辽宁、青海、江西、广东等省的铅锌、银矿床中均有淡红银矿产出。美观的大晶体发现于智利的查纳西洛，其他著名产地有玻利维亚波托西、加拿大安大略、美国科博尔特、墨西哥瓜纳华托、澳大利亚新南威尔士等。

第 **4** 章
卤化物矿物

萤 石

萤石（fluorite）是卤化物矿物，化学成分为 CaF_2，晶体属等轴晶系。因能发荧光而得名。含氟量达 48.9%，是氟工业的主要矿物原料，故又称氟石。英文名称来自拉丁文 fluere，是"流动"的意思，说明它具有助熔性能，可用作炼钢等的助熔剂。萤石中的钙常被铈、钇等稀土元素所替代，替代数量较多时，形成铈萤石、钇萤石等变种。

萤石的晶体结构是 AX2 型化合物的典型结构之一，称萤石型结构。钙位于立方晶胞的角顶和面中心，配位数为 8。氟位于 1/8 晶胞的小立方体的中心，配位数为 4。晶体常呈立方体、八面体、菱形十二面体及其聚形。在

萤石晶体

高温条件下，有利于形成八面体习性，在低温条件下常形成立方体、菱形十二面体。通常呈粒状、块状、土状集合体。萤石是天然矿物中色泽变化最多的矿物，一般呈绿色或紫红色，较少为无色，另有白、黄、蓝、玫瑰红、黑色等。其颜色变化与形成温度、晶体缺陷、色心，或钇等稀土元素的存在有关。一般萤石颜色随这些元素含量的增高而加深。如深绿色萤石中，稀土元素钇的含量最高，紫色萤石次之，白色、无色透明者含量最低。加热颜色会变浅，甚至消失；再用 X 射线照射，乃可恢复原色。玻璃光泽。莫氏硬度 4。密度 3.18 克 / 厘米 ^{3}。解理完全。熔点 1360℃。萤石是典型的在长波紫外光下，会发荧光的矿物。含稀土的萤石还会发磷光。萤石具有热发光性，发光强度随着钇等稀土元素含量的增多而增大。萤石是自然界常见的一种多成因矿物。普遍见于中酸性岩浆岩、沉积岩、变质岩及交代岩中，还作为表生矿物见于某些金属矿床氧化带中。但大多数萤石是热液作用的产物，与石英、方解石、重晶石及铜、铅、锌等金属硫化物共生；沉积作用形成的萤石，与石膏、硬石膏、方解石、白云石等矿物共生。中国萤石矿产资源丰富，是最早开采和应用萤石的国家之一。矿床主要分布在闽浙沿海火山岩地区；在湖南、内蒙古、山西、辽东、黑龙江、广西、云南等地，均有大量萤石产出。主要萤石产地有浙江武义杨家、德清县和嵊州，湖南郴州柿竹园，广西河池大厂，福建邵武，内蒙古白云鄂博和四子王旗等。世界著名产地有墨西哥圣路易斯波托西州拉奎瓦矿山，美国伊利诺伊州和肯塔基州，意大利瓦拉尔萨，英国德比郡和达勒姆，西班牙奥索尔等。萤石具有广泛的工业用途。按其用途可分为冶金级、化工级、光学级、陶瓷级、工艺级萤石。它们的工业技术指标不同。如用作消色差、消除球面像差的透镜和棱镜的光学萤石，必须是极纯净、透明无色、无包裹体、无裂隙的晶体，晶体无缺陷部分应大于 6 毫米 ×6 毫米 ×4 毫米等。

石　盐

石盐（halite）是卤化物矿物，化学成分为 NaCl，晶体属等轴晶系。由石盐组成的岩石，称为岩盐。英文名称来自希腊文 halos，是盐的意思。中国是世界上开凿盐井最早的国家，早在战国末期，四川成都双流一带凿井制盐昌盛，古代盐井深度达千米以上。石盐是典型的离子化合物，其晶体结构是 AX 型化合物的典型结构：氯离子作立方最紧密堆积，钠离子充填全部八面体空隙，阴阳离子配位数均为 8。石盐成分中常含溴、铷、铯、锶及气体、卤水、泥沙、碳酸盐、硫酸盐等杂质。在钾盐矿床中的石盐，常具有光卤石、钾石盐等微细包裹体。最常见的晶形为立方体，其次是八面体、菱形十二面体及其聚形。快速生长条件下的晶体，立方体晶面上常形成漏斗状骸晶。次生或重结晶的石盐，多呈纤维状、拉长的柱状。表生形成的石盐，呈盐华状、葡萄状、钟乳状、盐笋等。现代盐湖里有珍珠状、扁砾状石盐，珠状粒径可达 3 ～ 4 厘米，又称珍珠盐。纯净石盐为无色透明，经常被杂质染成黄、红、蓝等各种颜色。玻璃光泽，风化表面具油脂光泽。莫氏硬度 2。密度 2.1 ～ 2.2 克 / 厘米^3。解理完全。性脆。弱

石盐晶体

导电性。极高导热性。能潮解，易溶于水，难溶于酒精。味咸。石盐是典型的沉积矿物，主要产于干旱条件下的内陆湖盆，与海水有联系的封闭、半封闭的海湾、潟湖和内海；在蒸发量大于补给量环境里，会演化成盐湖、形成盐层。与石盐共生的矿物有钾石盐、光卤石、石膏、硬石膏、杂卤石、钙芒硝等。中国除沿海各省盛产海盐之外，古代和现代石盐资源都很丰富，分布区十分广泛。古代盐矿主要分布在四川、新疆、云南、江苏、江西、湖南、湖北、河南等省；现代盐湖石盐主要分布在青海、内蒙古、新疆、甘肃等省和自治区。著名产地有青海柴达木盆地察尔汗和大风山、内蒙古阿拉善盟吉兰泰、西藏扎仓茶卡、新疆艾丁湖和库车、湖南衡阳盆地、云南勐野井、四川珙县凿井、江西会昌周田等。四川自贡、云南中部和西部等有丰富的天然卤水矿床，可从中提取石盐。世界大型石盐矿床有美国萨莱纳盆地、堪萨斯州和新墨西哥州，摩洛哥海米萨特省，意大利西西里岛，乌兹别克的费尔干纳，德国萨克森，巴基斯坦旁遮普省等。石盐是食物调味品和防腐剂不可缺少的物质，是用于提炼金属钠，生产氯气、盐酸、碳酸钠、氢氧化钠、硫酸钠、除草剂、纺织业染色剂、融雪剂等的矿物原料。

光卤石

　　光卤石（carnallite）是卤化物矿物，化学成分为 $KMgCl_3 \cdot 6H_2O$，晶体属斜方晶系，又称砂金卤石。英文名称来自德文，以示纪念 19 世纪德国矿山工程师 R.von 卡纳尔。常呈粒状、致密块状、纤维状集合体。纯净光卤石为无色透明或白色半透明，常因含有镜铁矿呈红的色调；含有针铁矿等氢氧化铁时，呈褐色或黄的色调。新鲜面显玻璃光泽，在空气中很快被潮解、变暗，呈油脂光泽。莫氏硬度 2 ～ 3。密度 1.602 克 / 厘米³。无解理，性脆。具强吸水性，极易溶于水。味苦而辣咸。发强荧光。光卤石是常见的钾盐矿物之一，在常温条件下，从富含钾镁的盐湖蒸发的残余溶液里结晶而成。因此，光卤石是天然盐湖中最后形成的矿物之一。它覆盖于石盐层的顶部，与石盐、钾石盐、杂卤石、水氯镁石、水镁矾、硫酸镁石等伴（共）生。光卤石除含钾外，还含镁及少量溴、铷、铯等类质同象混入物，是制造钾肥、提取钾镁金属元素、制取钾镁化合物的矿物原料。光卤石主要分布在钾镁盐湖中。中国青海柴达木盆地察尔汗附近的达布逊盐湖，是世界罕见的内陆盆地现代沉积型光卤石矿床；云南勐野井有

光卤石块状集合体

第三纪光卤石矿产出，与钾石盐共生。世界著名矿床有德国马格德堡－哈尔伯施塔特地区的施塔斯富特矿床、俄罗斯乌拉尔二叠纪的钾镁矿床、白俄罗斯斯塔罗宾和美国新墨西哥州特拉华盆地二叠纪的钾盐矿床。

第 5 章

氧化物和氢氧化物矿物

赤铜矿

赤铜矿（cuprite）是氧化物矿物，化学成分为 Cu_2O，晶体属等轴晶系。英文名称来自拉丁文 cuprum，即铜的意思。赤铜矿的含铜量高达 88.82%，若大量聚集，是一种重要的铜矿石；通常作为次要铜矿石利用，或作为寻找原生铜矿床的找矿标志。赤铜矿晶体呈立方体、八面体、菱形十二面体，或由它们构成的聚形。当晶体沿立方体棱方向生长，呈毛发状或交织成毛绒状者，称为毛赤铜矿。完整的赤铜矿单晶体很少见，常呈致密块状、柱状、针状或土状集合体。新鲜面呈红色。金刚光泽至半金属光泽。长期暴露在空气中，晶体表面呈暗红色，光泽变暗。条痕褐红色。莫氏硬度 3.5 ～ 4.0。密度 5.9 ～ 6.1 克 / 厘米 ^{3}。解理不完全。性脆。具有良好的导电性和光电效应。赤铜矿为典型的表生矿物，是从原生的黄铜矿、斑铜矿等铜的硫化物和次生的辉铜矿

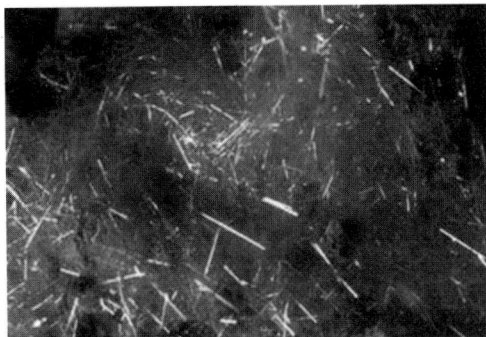

毛发状赤铜矿

转变而成。在铜矿床氧化带中，与自然铜、辉铜矿、孔雀石、蓝铜矿、褐铁矿等共（伴）生。世界著名赤铜矿产地有法国里昂的切西、俄罗斯乌拉尔山等。

刚 玉

刚玉（corundum）是氧化物矿物，化学成分为Al_2O_3，晶体属三方晶系。英文名称源于印度文的矿物名"kauruntaka"。Al_2O_3有α、β、γ等多种变体，自然条件下稳定的α-Al_2O_3变体称为刚玉。在刚玉的晶体结构中，氧原子呈六方最紧密堆积，最紧密堆积层垂直于三次对称轴，铝原子则充填于其2/3数的八面体空隙中，形成"刚玉型"结构。它是A_2X_3型化合物的一种典型结构。晶体多呈腰鼓状、柱状、板状；集合体呈块状或粒状。常呈白、灰、灰黄等色，含少量杂质可染成各种颜色。含Cr^{3+}呈红色，称红宝石；含Ti^{4+}和Fe^{2+}呈蓝色，称蓝宝石。玻璃光泽至金刚光泽。无解理，常因存在聚片双晶出现裂理。莫氏硬度高达9，仅次于金刚石。密度3.95～4.10克/厘米^3。化学性能稳定，不易受风化或腐蚀。刚玉产于富铝、贫硅的火成岩和变质岩中，并常见于冲积砂矿中。世界著名的宝石级刚玉产地有缅甸的抹谷、斯里兰卡的拉特纳普勒、柬埔寨的马德望和拜林等。希腊的纳克索斯盛产刚

刚玉（直径1厘米，山东）

玉砂。中国新疆、海南、山东、福建、江苏、台湾等地都有产出。一般的刚玉或刚玉砂，加入结合剂制成砂布、砂纸、砂轮等，均用作超精研磨和抛光材料；由于它与水泥、沥青有很好的调和性，被用于公路止滑、化工厂的地板铺装及堰堤护床的表装材料。红宝石和蓝宝石都是名贵的宝石，现在人工合成的刚玉（含红宝石、蓝宝石）已大量替代天然刚玉而被广泛利用。红宝石还用作激光发射材料，精密仪器、钟表的轴承材料等。

赤铁矿

赤铁矿（hematite）是氧化物矿物，化学成分为 Fe_2O_3，晶体属三方晶系。英文名称源于希腊文 haimatos，意思是与赤铁矿研成粉末时呈暗血红色有关。赤铁矿含铁量达 69.94%，是主要的炼铁矿物原料之一；还可用作红色颜料和磨料。成分中可含少量的钛、铝、钙、镁等。完好晶体少见，常呈板状、片状、粒状、致密块状、鲕状、豆状、肾状等。在实际工作中，又把呈片状者，称镜铁矿；呈细鳞片状者，称云母赤铁矿，中国古称"云子铁"；呈红褐色粉末状或土状者，称铁赭石；呈表面光滑、明亮的红色钟乳状者，称红色玻璃头。赤铁矿晶体呈钢灰色至铁黑色，隐晶质和粉末状赤铁矿呈暗红色。条痕呈樱桃红色。金属光泽至半金属光泽，铁赭石呈土状光泽。莫氏硬度 5.5 ～ 6.0。密度 4.9 ～ 5.3 克 / 厘米^3。性脆。无解理。镜铁矿常含细微磁铁矿包裹体，具有磁性。赤铁矿是自然界分布很广泛的矿物之一。赤铁矿矿床与沉积作用、沉积变质作用和接触变质作用有关，也常见于热液矿床和氧化带里。赤铁矿常与磁铁矿共生，并在一定条件下相互转变；可水化变成针铁矿、水赤铁矿。世界大型的赤铁矿产地有美国苏必利尔湖、巴西米纳斯吉拉斯、意大利厄尔巴。中国河北宣化铁矿和湖南宁乡铁矿，均属沉积型赤铁矿床。

赤铁矿块状集合体

钛铁矿

钛铁矿（ilmenite）是氧化物矿物，化学组成为 $FeTiO_3$，晶体属三方晶系。英文名称来源于钛铁矿的首次发现地——俄罗斯乌拉尔的伊勒门山。常有镁、锰、铌、钽替代铁或钛。晶体常呈板状、鳞片状、粒状，集合体呈块状或粒状。钢灰至铁黑色，条痕黑色至褐红色。金属至半金属光泽。莫氏硬度 5.0～6.0。性脆。密度 4.5～5.0 克/厘米³。无解理。

粒状钛铁矿

具弱磁性。钛铁矿一般作为副矿物见于超基性岩、基性岩、碱性岩、酸性岩和变质岩中，也可以形成砂矿。受岩浆期后热液或表生氧化作用，能转变成白钛石、金红石、锐钛矿、赤铁矿。含二氧化钛量达 52.66%，是提取钛和二氧化钛的最主要矿物原料。著名矿山有俄罗斯的伊勒门山、挪威的特耳尼斯、美国怀俄明州的铁山、加拿大魁北克的埃拉德湖等。中国四川攀枝花铁矿，即是一个大型的钛铁矿产地。

金红石

金红石（rutile）是氧化物矿物，化学组成为 TiO_2，晶体属四方晶系。英文名称由拉丁文 rutilas 派生而来，是红色的意思。它与锐钛矿、板钛矿构成 TiO_2 同质三象变体。锐钛矿属四方晶系，但空间群与金红石不同；板钛矿则属正交（斜方）晶系。金红石常含 Fe^{2+}、Fe^{3+}、Nb^{5+}、Ta^{5+}等，其含量高的分别称为铁金红石、铌铁金红石和钽铁金红石。金红石通常呈双锥柱体、板状或针状晶体，柱面上常有纵纹；有时呈粒状、块状集合体。膝状双晶常见，针状晶体按双晶而连生成网状的称为网金红石。当石英、金云母、刚玉等晶体中，包裹有显微针状的金红石晶体并呈定向分布时，可使这些矿物晶体产生六射星状光芒。金红石通常呈暗红色、红棕色，富含铌、钽的呈黑色。条痕呈淡黄或浅棕色。金刚光泽至半金属光泽。柱面解理完全。莫氏硬度 6.0。密度 4.2 ～ 4.3 克 / 厘米 ^{3}，富含铌、钽者高达 5.6 克 / 厘米 ^{3}。金红石是自然界分布最广、最稳定的 TiO_2 矿物。主要产于高温伟晶岩脉和石英脉中，与钛铁矿、锆石、独居石、萤石、磷灰石等矿物共生。中国山东产出的金红石巨晶长达 20 多厘米。在花岗岩、片麻岩、云母片岩和榴辉岩等岩石中，多呈副矿物出现。由于金红石化学性能稳定，也常见于碎屑岩和砂矿中。澳大利亚、南非、塞拉利昂、印度、斯里兰卡、美国、意大利是金红石的主要生产国。著名产地有塞拉利昂南部省邦特地区，俄罗斯伊尔门山，澳大利亚的新南

板状金红石

威尔士和昆士兰，美国的弗吉尼亚等。中国江苏、辽宁、山东、河南、湖北、安徽等省也有产出。金红石主要用作电焊条的药皮涂层；有时也用来提取钛，用于合金；或在瓷器、假牙和玻璃制造中用作黄色着色剂。人工制备的粉末状钛白，有金红石型和锐钛矿型两种结构，是颜色洁白、遮盖力很高的白色颜料，广泛用于涂料、搪瓷、塑料、油墨、合成纤维、造纸、橡胶等行业，也用作磨料、抛光剂、电焊条配料、含钛催化剂配料等。由焰熔法合成的金红石晶体，无色透明，并可随添加物的不同染成各种美丽的颜色；又因其折射率高、色散强，也用作宝石，其质量优于天然晶体。

锡 石

锡石（cassiterite）是氧化物矿物，化学组成为 SnO_2，晶体属四方晶系。英文名源于希腊文"kassiteros"，是锡的意思。常含铁、钽、铌等混入物，它们以类质同象方式替代锡，或以氧化物的细分散包裹物形式存在。具金红石型结构。常见由四方双锥和四方柱组成的聚形晶、锥柱状或双锥状的完好晶形。膝状双晶普遍。集合体大多呈粒状、致密块状。外壳呈葡萄状或钟乳状，而内部具同心放射纤维状构造的称木锡石，是在胶体溶液里形成的。纯净的锡石几乎无色，但一般均被杂质染成黄棕色，抑或棕黑色。条痕白色。金刚光泽，断口呈油脂光泽。莫氏硬度 6 ～ 7。密度 6.8 ～ 7.1 克 / 厘米^3。解理不完全。无磁性，但富铁的锡石，具有电磁性。锡石是最常见的锡矿物，含锡量 78.6%，也是提炼锡的最主要的矿石矿物。锡主要以镀锡板、焊锡、合金和化合物的形式得到广泛应用。锡石主要产在花岗岩类侵入体内部或近岩体围岩的热液脉中，在伟晶岩和花岗岩中也常有分布。由于它化学性能稳定、硬度高、相对密度大，常富集成砂矿，称为砂锡。锡石大部分采自砂矿。中国、马来西亚、泰国、印度尼西亚、澳大利亚、玻利维亚等是锡石的主要生产国。中国的产地主要分布于云南、广西及南岭一带，其中以广西南丹大厂规模最大。云南个旧锡矿开采历史悠久，有中国"锡都"之称。

锡石晶体

黑钨矿

黑钨矿（wolframite）是氧化物矿物，化学成分为 (Fe,Mn)WO_4，晶体属单斜晶系，又称钨锰铁矿。英文名称与 1783 年 J.J. 埃卢亚尔和 F. 埃卢亚尔兄弟俩从黑钨矿中分离出金属钨有关。并定名为 wolfram。而 wolfram 源自古德语 wolf（令人不快的）和 ram（浮渣），指当时冶炼含黑钨矿的矿石时表面出现浮渣。黑钨矿是 $FeWO_4$-$MnWO_4$ 类质同象系列的中间成员。在这个系列中，含 $FeWO_4$ 或 $MnWO_4$ 分子在 80% 以上的分别称为钨铁矿或钨锰矿。镁、钙、铌、钽、钪、钇、锡是黑钨矿中常见的混入物。黑钨矿晶体呈板状、柱状或粒状。通常是黑色。其光学性质随成分中铁和锰的含量变化而变化。含铁高者,色深;含锰高者,多呈褐红色。金刚光泽—半金属光泽,半透明—不透明。具一组完全解理。莫氏硬度 $4.0 \sim 4.5$,密度 $7.25 \sim 7.60$ 克/厘米^3,性脆。属电磁性矿物。化学性质比较稳定,一般不溶于水,难溶于酸碱溶液,但可被王水溶解,形成黄色粉末状的钨酸沉淀。黑钨矿主要产于高温热液型石英脉中,常与石英、锡石、辉钼矿、辉铋矿、毒砂、黄铁矿、黄玉、绿泥石、电气石、铌铁矿、钽铁矿、稀土矿物等共生。经长期风化,形成钨华、水钨华、高铁钨华、水铝钨华等次生钨矿物。以中国赣南为主体的南岭及其邻区的钨矿,无论是钨的储量与产量,均居世界前列。其他主要产地有俄罗斯西伯利亚、缅甸莫契、泰国恩戈姆山、加拿大普莱森特山、玻利维亚乔赫亚、澳大利亚卡拜因山等。黑钨矿含 WO_3 约 76%,是提炼钨的主要矿物原料之一。

软锰矿

软锰矿(pyrolusite)是氧化物矿物,化学成分为 MnO_2,属四方晶系。英文名源于希腊文"pyr"和"louein",是燃烧和洗涤的意思,在玻璃制造业,常利用它来清除玻璃的颜色。金红石型结构,与正交(斜方)晶系的拉锰矿成同质多象。发育良好的柱状晶体称黝锰矿,但罕见。通常呈隐晶质或粉末状、煤烟状。集合体呈块状、土状、肾状,有时具放射纤维状构造;呈树枝状者见于岩石裂隙面上,习称假化石。通常呈钢

灰色或铁黑色。条痕黑色。金属光泽。土
状软锰矿的莫氏硬度 1.5～2.5，摸之污手；
密度 4.7～5.0 克/厘米^3。显晶质的软锰矿，
莫氏硬度高达 6.0～6.5，性脆；密度为 5.1
克/厘米^3。解理完全。软锰矿含锰量达
63.2%，是提炼锰的重要矿石矿物。除在冶
金、化工、电子、玻璃行业得到广泛应用外，
在环保领域还用作净化工业用水和饮用水、

放射状软锰矿

吸收废气的净化催化剂。在强烈氧化条件下形成，主要在沼泽、湖底、
海底和洋底形成的沉积矿床，以及在矿床氧化带、岩石风化壳里产出。
南非、乌克兰、俄罗斯、加蓬、巴西、印度、澳大利亚为世界主要产地。
著名产地有澳大利亚的格鲁特岛，乌克兰的尼科波尔和托克马克，俄罗
斯的北乌拉尔，保加利亚的瓦尔纳。中国湖南、四川、广西、辽宁等地
锰矿床中也盛产软锰矿。

石　英

石英（quartz）是化学组成为 SiO_2，晶体属三方晶系的氧化物矿物。
通常所称的石英，是分布广泛的低温石英（α- 石英）。广义的石英，
还应包括高温石英（β- 石英）。中国古代最早称石英为"水玉"。东
汉末年的《神农本草经》中已用"石英"一词，并按颜色将石英分为 6 种。
英文名源于西斯拉夫语 kuardy，是"坚硬"的意思。到 14 世纪，在捷
克矿业术语中首先采用 quartz 一词。

低温石英是常温常压下，唯一稳定的 SiO_2 同质多象变体。晶体常呈带菱面体的六方柱状，有左、右形之别；六方柱面上有横纹。人造晶体上常出现底轴面，而晶面不平，由许多波纹状小丘组成。双晶极为普遍，已知的双晶律多达 20 余种，其中以道芬律和巴西律双晶最为常见。双晶的存在是一种晶体缺陷，对石英晶体的利用有严重影响。集合体常呈显晶质的粒状、块状、晶簇状，隐晶质的晶腺、钟乳状、结核状等。

纯净的石英呈无色透明，常因含微量色素离子、细分散包裹体，或因具有色心而呈各种颜色，并使透明度降低。烟水晶（烟黄至黑色）、紫水晶（紫色）的颜色是由色心造成的，当加热至 230 ～ 260℃时会褪色；受高能射线辐照后，又会重新呈色。玻璃光泽，断口常显油脂光泽。莫氏硬度 7。密度 2.65 克 / 厘米 ^{3}。无解理，断口呈贝壳状至次贝壳状。具强压电性、焦电性和旋光性。石英有许多变种。显晶质变种主要有水晶（无色透明）；紫水晶（紫色），俗称紫晶；烟水晶（烟黄、烟褐至近于黑色），俗称茶晶、烟晶或墨晶；黄水晶（浅黄色）；蔷薇石英（玫瑰红色），俗称芙蓉石；蓝石英（蓝色）；乳石英（乳白色）；砂金石，是含有赤铁矿或云母等细鳞片状包裹体而显斑点状闪光的石英晶体；鬃晶，是指含有针状、毛发状金红石、电气石或阳起石等包裹体的透明的石英晶体。隐晶质变种有两类：一类由纤维状微晶组成，包括石髓（玉髓）、玛瑙；

水晶晶簇（32 厘米，广西）

另一类由粒状微晶组成，主要有燧石（灰至黑色，俗称火石），碧玉（暗红色或绿黄、青绿等色，又称碧石）。

石英在自然界分布广泛，是岩浆岩、沉积岩和变质岩的主要造岩矿物之一，也是许多矿石的主要脉石矿物。常见于花岗岩类岩石、片麻岩、片岩、砂岩、砾岩和一些矿石中。著名的南京雨花石，是雨花台砾石层中的玛瑙砾石和碧玉砾石。有些石英有特定的产状，如蔷薇石英几乎总是呈块状产于伟晶岩中，燧石通常呈结核或层状产于白垩层或灰岩、白云岩中，玛瑙主要产于基性喷出岩的孔洞中。具工业价值的水晶，主要为热液型、伟晶岩型和残积、冲积成因。巴西是世界最大的优质水晶生产国，曾产出一直径 2.5 米、高 5 米、重达 40 余吨的水晶晶体。其他著名生产国有印度、马达加斯加、安哥拉、委内瑞拉、韩国和土耳其等。中国石英资源丰富，遍布各省区，有大型的石英砂、石英砂岩、石英岩和脉石英矿床。

石英是人类最早认识和利用的矿物之一。在蓝田猿人和北京猿人生活的化石层中，发现大量用乳石英、燧石及水晶等制作的石器。自古以来，人们曾用燧石取火，用石英一些晶莹丽润的变种制作高级器皿、光学镜片、工艺美术品和宝石等。在近代科学技术中，石英有更广泛的用途。无缺陷的水晶，是极重要的压电材料和光学材料。尺寸大于等于 12 毫米 ×12 毫米 ×1.5 毫米的水晶块，可用于制作石英谐振器和滤波器，有极高的频率稳定性、选择性和灵敏性，广泛用于军事、空间技术、电子等部门。光学水晶可用于生产聚集紫外线的透镜、摄谱仪棱镜、补色器的石英楔等光学元件。黄水晶、紫水晶、蔷薇石英、烟水晶、砂金石、虎眼石、玛瑙、石髓及鬃晶等可用作宝石或工艺美术材料。色泽差的玛瑙和石髓，还用于制作研磨器具。较纯净的石英砂、石英岩，可大量用作玻璃原料、研磨材料、硅质耐火材料及瓷器配料等。不纯的石英砂是重要的建筑材料。人工合成的水晶可有效消除双晶等缺陷、控制晶体尺寸。已经出现天然石英压电片被人造水晶完全取代的趋势。

蛋白石

蛋白石是化学成分为 $SiO_2 \cdot nH_2O$ 的非晶质或超显微隐晶质矿物。蛋白石水含量变化很大，通常为 3% ～ 9%，最高达 20% 以上，属吸附水性质；但也有少量以氢氧根离子（OH^-）形式存在。按结构状态分为 3 种：① C 型蛋白石是呈超显微晶质的完全有序的低温方石英，但常夹有少量低温鳞石英的结构层，主要产于与熔岩共生的沉积物中，少见。② CT 型蛋白石是由低温方石英与低温鳞石英畴成一维堆垛无序结构所构成的超显微结晶质，其形成常与火山物的分解有关。③ A 型蛋白石为高度无序、近于非晶质的物质，一般为生物成因。在扫描电子显微镜下有些蛋白石表现为由直径在 150 ～ 300 纳米的等大球体所组成，而球体本身又是由放射状排列的一些最小可达 1 纳米的刃状晶体所构成，各等大球体在三维空间呈规则的最紧密堆积，水则充填于空隙中。

蛋白石通常呈肉冻状块体或葡萄状、钟乳状皮壳产出。玻璃光泽，但多少带树脂光泽，有的还呈柔和的淡蓝色调的所谓蛋白光。贝壳状断口。莫氏硬度 5 ～ 6，密度 1.99 ～ 2.25 克 / 厘米³。硬度、密度以及折射率均随水含量的减少而增高。蛋白石颜色多样，并因而构成不同的变种。普通蛋白石无色或白色，含杂质时可呈浅灰、黄、蓝、棕、红等色。其中呈乳白色的称为乳蛋白石；蜜黄色而具树脂光泽的称为脂光蛋白石；具深灰或蓝至黑色体色的黑蛋白石罕见，是珍贵的宝石。作为宝石（中文宝石名欧泊）的其他主要变种有：火蛋白石具强烈的橙、红等反射色；贵蛋白石，呈红、橙、绿、蓝等晶亮闪烁的变彩，已可由人工方法合成。此外，木蛋白石是被蛋白石所石化的树木化石，即具有木质纤维假象的蛋白石。色泽鲜艳的蛋白石自古以来即被用作宝石和装饰品。中国曲阜西夏新石器时代遗址出土过嫩绿色蛋白石手镯。蛋白石形成于地表或近地表富水的地质条件下，存在于各类岩石空洞和裂隙中，尤以火山岩中和热泉活动地区常见。在第三纪及近代的海洋沉积物中也常见。蛋白石暴露于干热的大气中时，可逐渐脱水而失去光泽，并最终变为石髓。宝石级蛋白石的重要产地有：澳大利亚的昆士兰和新南威尔士、墨西哥、洪都拉斯、匈牙利、日本、新西兰、美国的内华达和爱达荷等。

磁铁矿

磁铁矿（magnetite）是氧化物矿物，化学成分为 Fe_3O_4，晶体属等轴晶系。英文名称与位于巴尔干半岛马其顿地区附近的地名"Magnesia"有关。传说是当地牧民，在他们的拐杖铁头和皮鞋钉上吸有这种矿物而被发现。在中国古籍中，有慈石、磁石、玄石、灵磁石、雄磁石等之称，表征它具有磁性。含铁量为72.40%，是重要的炼铁矿物原料之一。成分中常含各种杂质，伴有可综合利用的钛、钒、铬、镍、钴等元素。当矿石中有害元素很少时，可直接用于平炉炼钢。磁铁矿是中国传统的一种矿物药，具有镇静安神的功效。磁铁矿单晶几乎都是八面体或菱形十二面体，双晶常见，粒状或致密块状集合体。铁黑色。半金属至金属光泽。莫氏硬度 5.5 ～ 6.5。性脆。密度 4.8 ～ 5.3 克 / 厘米 ^{3}。无解理，有时具八面体裂开，它是由钛铁矿、钛铁晶石显微包裹体定向排列造成的。磁性强，能被磁铁所吸引。某些磁铁矿具有极磁性，即用它能吸引铁类物质，这种天然磁铁矿，又称极磁铁矿。中国古籍中有吸针石、吸铁石之称。早在战国时代，就能用磨细的极磁铁矿作指南针，称为"司南"。磁铁矿是多种成因的矿物，并能聚集成有经济价值的大型铁矿床。主要有岩浆型（如中国四川攀枝花、瑞典基鲁纳、俄罗斯乌拉尔的卡奇卡纳尔、南非布什维尔德铁矿）、高温热液型（如中国内蒙古白云鄂博富含稀土铁矿）、火山岩型（如智利拉科、哈萨克斯坦阿塔苏地区、伊朗巴夫格区）、接触交代型（如

八面体磁铁矿

中国湖北大冶、俄罗斯乌拉尔、哈萨克斯坦图尔盖地区）、沉积变质型（如中国辽宁鞍山、河北迁安，美国苏必利尔湖区，加拿大拉布拉多，俄罗斯库尔斯克，澳大利亚皮尔巴拉，巴西米纳斯吉拉斯州），也常见于砂矿中。在自然界，磁铁矿易氧化转变成赤铁矿并保留外形的，称为假象赤铁矿。

尖晶石

尖晶石（spinel）是氧化物矿物，化学组成为 $MgAl_2O_4$，属等轴晶系。英文名称来自拉丁文 spinella，是"刺"的意思，形容它具有棱角清楚而尖锐的八面体晶形。化学成分中常有铁、锰、锌替代镁，铬、铁替代铝。在尖晶石的晶体结构中，阴离子氧作立方最紧密堆积，阳离子位于氧离子最紧密堆积形成四面体空隙和八面体空隙中。尖晶石型结构为 AB_2X_4 型化合物的典型结构，已知有上百种。八面体晶形很常见，还常以八面体面为双晶面和接合面构成双晶，称为尖晶石律双晶。

尖晶石无色，含色素离子 Cr^{3+}、Fe^{2+}、Fe^{3+}、Zn^{2+}、Co^{2+} 时，可呈红、蓝、绿、褐、黄等色。玻璃光泽。莫氏硬度8。密度 3.5～4.0 克/厘米³。硬度和密度值都随着成分中铁、铬替代量的增多而增大。解理不完全。尖晶石产于镁质灰岩与酸性岩浆岩接触的变质岩及基性、超基性火成岩中。透明而色泽艳丽的尖晶石是高档宝石材料。世界著名产地有缅甸、阿富汗、斯里兰卡、泰国。中国云南、四川、山东、福建等地也有产出。

红色尖晶石晶体

铬铁矿

铬铁矿（chromite）是氧化物矿物，化学组成为 $(Fe,Mg)Cr_2O_4$，晶体属等轴晶系。英文取名与成分中含铬有关。成分中的铁可被镁替代，铬可被铝、铁所置换。当以镁为主时，称镁铬铁矿；以铁为主时，称铁铬铁矿。铬铁矿通常呈块状或粒状集合体。褐黑至铁黑色，条痕浅褐至暗褐黑色。半金属光泽。莫氏硬度 5.5 ~ 6.5。密度 4.3 ~ 4.8 克 / 厘米³，随成分中铁含量的增多而增大，随铝含量的增多而降低。具弱磁性，磁化率的大小与三价铁离子的含量呈正相关。铬铁矿中三氧化二铬的含量约为 67.91%，是制取铬和铬化合物的主要矿物原料；也是一种重要的战略物资，广泛用于冶金、化学、高温耐火材料和军事工业领域。铬铁矿仅产于超基性岩或基性岩中，大型铬铁矿矿床主要产于南非北部省布

铬铁矿晶体

什维尔德杂岩体和津巴布韦中部省的大岩墙、芬兰拉皮省凯米、巴西巴伊亚州坎波弗莫索、俄罗斯南乌拉尔肯皮尔赛等地。中国的西藏、陕西、甘肃、新疆和山东等地也有产出。

铌铁矿

铌铁矿（columbite）是氧化物矿物，化学组成为 $(Fe,Mn)Nb_2O_6$，晶体属正交（斜方）晶系。英文名来自美国的哥伦比亚（columbia），在那里首次从天然标本里发现含铌元素，取名与铌的旧名钶（columbium）有关。在成分中常有锰替代铁，钽替代铌。当铁、铌含量分别高于锰、钽时，称铌铁矿；反之，称钽锰矿。当钽、铁含量分别高于铌、锰时，

称钽铁矿；反之，称铌锰
矿。铌铁矿与钽铁矿可形成
完全类质同象系列，有铌
钽铁矿之称。铌铁矿晶体呈
板状、柱状或针状，双晶发
育；集合体呈块状、放射状
或晶簇状。褐黑至黑色。半

铌铁矿（褐黑色）

金属光泽。具清晰的板状解理。莫氏硬度 6。密度 5.2 ～ 6.25 克 / 厘米 ^{3}。随成分中钽含量的增高，硬度及密度值也随之增大。铌铁矿含 Nb_2O_5 为 47% ～ 78.88%，是提取铌以及钽的主要矿物原料。铌是一种高熔点的稀有金属，具有良好的耐腐蚀性、热电传导性、电子发射性、超导性能。广泛应用于冶金、原子能、航天和航空、电子、超导、军事、化工等领域。产于火成碳酸岩、花岗岩、花岗伟晶岩和砂矿中。世界著名的铌铁矿生产国有巴西、美国、俄罗斯、尼日利亚和刚果民主共和国等。中国广西恭城的栗木有特大型的铌铁矿矿床，新疆阿尔泰曾产出重达数千克的铌铁矿晶体。

钽铁矿

钽铁矿（tantalite）是氧化物矿物，化学组成为 $(Fe,Mn)Ta_2O_6$，晶体属正交（斜方）晶系。英文名取自希腊传说中的坦塔洛斯，他在冥界受到泡在水中却饮不到水的惩罚，形容这种矿物浸于酸中却难溶的现象。成分中经常有铌置换其中的钽，与铌铁矿成完全类质同象系列，因而所

钽铁矿晶体

有的参数与物理性质均与铌铁矿类同，但密度和硬度有明显的升高。颜色为暗黑色、铁黑色、暗棕色、红棕色，条痕为棕红色至黑色。莫氏硬度为 6.5。密度达 8.2 克 / 厘米 ^{3}。难溶于各种酸中。钽铁矿含 Ta_2O_5 可达 86.12%，是提取钽及铌的主要矿物原料。由于钽是高熔点金属，它的氧化膜在常温下耐腐蚀性强，在航天航空、电子等尖端技术及工业领域得到广泛的应用。主要用作高容量的电容器、抗氧化和难熔合金、各种抗腐蚀的金属器件，也是外科手术用于骨骼修复和内部缝合的理想材料。主要产丁花岗岩或花岗伟晶岩及其砂矿床中。主要产地有加拿大的伯尼克湖、刚果（金）的卢克卢以及巴西、澳大利亚等。

烧绿石

烧绿石（pyrochlore）是氧化物矿物，化学组成为 $A_2Nb_2O_6Z$（其中 A 位主要为 Na、Ca、Sr、Pb^{2+}、Sn^{2+}、Sb^{3+}、Y、U 或 H_2O，其次为 Ag、Mn、Ba、Fe^{2+}、Bi^{3+}、Ce 及其他 REE 元素、Sc 或 Th；Z 位则主要为 F、H_2O、OH、O），包括 15 种矿物，晶体均属等轴晶系。

英文名由希腊文派生而来，表示矿物置于火上灼烧后变成绿色。比较常见的烧绿石族矿物有氟钙烧绿石、氟钠烧绿石、水烧绿石、羟钙烧绿石、羟锰烧绿石、羟铅烧绿石和氧钙烧绿石。成分中的铌可被钽、钛所替代。矿物晶体呈八面体，集合体成粒状。有黄、褐、棕、红、黑等色，非晶质化会使颜色变深。油脂光泽至金刚光泽。有时可见八面体解理。莫氏硬度 5～5.5。密度 4.02～5.40 克 / 厘米^3，随含钽量的增多而增大。硬度与密度都随水化程度的加深而降低。是提取铌、钽的主要矿石矿物，可综合利用其中的稀土、铀、钍等。烧绿石族矿物主要产于碳酸盐岩、霞石正长岩及其他碱性岩、钠长石化花岗岩、钠质热液交代脉中。世界著名产地有巴西的阿拉沙和塔皮拉、加拿大魁北克省的奥卡和圣霍诺雷、美国科罗拉多州波德台恩等。中国辽宁赛马、内蒙古白云鄂博、新疆波孜果尔、四川冕宁等地都有产出。

金绿宝石

金绿宝石是氧化物矿物，化学组成为 $BeAl_2O_4$，晶体属斜方晶系。因独特的黄绿至金绿色而得名，以其特殊光学效应（猫眼效应、变色效应）而闻名，被列为世界五大宝石之一。

◆ 物理化学特征

化学式类同于尖晶石（$MgAl_2O_4$），故又称为铍尖晶石。但其晶体结构、晶系、晶形都类似于橄榄石（Mg_2SiO_4），即两者结构中的氧原子的堆积形式相同，金绿宝石中的铍、铝原子分别与橄榄石中的硅、镁原子的占位相同。晶体常呈板状、短柱状，晶面常见平行条纹，晶体经常形成心形双晶或假六方贯穿三连晶。玻璃光泽至亚金刚光泽，透明至不透明。光性非均质体，二轴晶，正光性。折射率 1.746～1.755（+0.004，-0.006），双折射率为 0.008～0.010。三组不完全解理，贝壳状断口。莫氏硬度 8.0 ～ 8.5。密度 3.73（±0.02）克 / 厘米^3。

◆ 品种

金绿宝石根据其特殊光学效应的有无可分为以下品种：①金绿宝石。无任何特殊光学效应，颜色可为浅至中等黄、黄绿、灰绿、褐色至黄褐色、浅蓝色（稀少）；弱至中等的三色性，黄、绿和褐色；长波紫外光下无荧光，黄色和绿黄色品种在短波紫外光下为无至黄绿色荧光。②猫眼。具有猫眼效应的金绿宝石。晶体内含有定向平行密集排列的丝状、管状包裹体，通过它们对入射光的折射与反射作用，使其在弧面宝石表面显示出一条可以灵活摆动的光带，犹如猫的眼睛，称为猫眼效应。金绿宝石中丝状物含量越高，宝石越不透明，猫眼效应越明显。猫眼可呈密黄、黄绿、褐绿、黄褐、褐色等多种颜色，猫眼宝石在聚光光源照射下，宝石的向光一半呈现其体色，而另一半则呈现乳白色。由于金绿宝石的猫眼效应最为完美，所以被直接称为"猫眼"。商贸中猫眼还可称为东方猫眼、锡兰猫眼、猫睛、波光石等，而其他具有猫眼效应的宝

猫眼

石须在猫眼前冠以宝石的名称，如"电气石猫眼""石英猫眼"等。市场上还可见到由玻璃纤维做成的人工猫眼石，应严格与宝石相区别。③变石。具有变色效应的金绿宝石。又称亚历山大石。是一种含铬（Cr）的金绿宝石。变石在日光或日光灯照射下呈现为以绿色色调为主的颜色，而在白炽灯或烛光下则呈现出以红色调为主

的颜色，因此被誉为"白昼的祖母绿，夜晚的红宝石"。④变石猫眼。同时具有变色效应及猫眼效应的金绿宝石。变石猫眼含有产生变色效应的铬元素，又含有大量丝状包裹体以产生猫眼效应，是一种更珍贵、更稀罕的宝石品种。⑤星光金绿宝石。具有星光效应的金绿宝石。星光金绿宝石通常为四射星光，其星光产生的原因之一是在金绿宝石中同时包含两组互相近于垂直排列的包裹体，一组为丝状金红石，一组为细密的气液管状包裹体。

◆ 产地

金绿宝石主要产于老变质岩地区的花岗伟晶岩、蚀变细晶岩以及云母片岩中，而真正具有工业意义的金绿宝石大多产于砂矿中。最好的变石产于俄罗斯乌拉尔地区，斯里兰卡砂矿则产出黄绿色大颗粒变石及高质量猫眼宝石，巴西发现了金绿宝石类的各个品种。金绿宝石亦可由焰熔法人工合成，但质量远逊于天然晶体。

水镁石

水镁石（brucite）是氢氧化物矿物，化学组成为 $Mg(OH)_2$，晶体属三方晶系，又称氢氧镁石。英文名称源于美国矿物学家 A.布鲁斯的姓氏。自然界含镁量（含氧化镁 69.12%）最高的一种矿物。用作镁质耐火材料和提炼镁的重要矿物原料，并广泛用于建筑材料、人造纤维、橡胶业和造纸业的填料、镁质焊剂、镁质水泥等。也是替代石棉的一种环保材料。成分中的镁，可部分被铁、锰、锌等类质同象替代，形成锰水镁石、铁水镁石、锌水镁石等变种。晶体呈板状或叶片状，通常呈板状、片状、

水镁石块状集合体

致密块状集合体产出。纤维状水镁石，称纤维水镁石，其纤维可剥离，并具有弹性。

水镁石纯净者呈白色，含杂质者呈灰白色、浅黄绿色、绿色、黄色、褐红色等。玻璃光泽。解理极完全。解理面上呈珍珠光泽，纤维水镁石呈丝绢光泽。莫氏硬度2.5。薄片具有挠性。密度2.4～2.5克/厘米³。具导热导电性。水镁石是由富镁硅酸盐和碳酸盐矿物经变质而成，有变质碳酸岩和变质超基性岩两种主要类型。世界水镁石矿床多属于变质碳酸盐型。著名产地是俄罗斯哈巴罗夫斯克（伯力）欣甘特大型水镁石矿，还有加拿大魁北克和安大略、美国加勃克、英国设得兰群岛中的昂斯特岛、意大利奥斯特等。中国陕西汉中市黑木林纤维水镁石矿，是世界罕见的产于变质超基性岩中的特大型矿床。中国云南墨江、四川石棉、青海祁连、吉林集安、河南西峡、辽宁岫岩等地均有产出。

硬水铝石

硬水铝石是α相的氢氧化物矿物，化学组成为$AlO(OH)$，晶体属正交（斜方）晶系。与晶质γ相的软水铝石成同质多象。旧称水铝石或一水硬铝石。晶体通常呈细小薄片状、板状，具平行片状方向的完全解理。集合体呈疏松块状、细鳞片状、放射状或隐晶胶态状。白、灰白或无色，含杂质时可为浅红、灰绿、黄褐等色。玻璃光泽，解理面显珍珠光泽。性极脆。莫氏硬度6.5～7.0。密度3.2～3.5克/厘米³。硬水铝石主要由铝硅酸盐风化而成，广泛存在于铝土矿与红土中，也见于结晶灰岩、白云岩和某些热液矿脉

放射状硬水铝石晶体

中，还常与刚玉共生于刚玉砂矿床中。著名产地有俄罗斯乌拉尔、捷克谢姆尼茨、瑞士坎波伦戈、希腊纳克索斯岛等。中国山东淄博、河南巩义、山西阳泉和太原、辽宁复州、河北开平等地也有产出。硬水铝石主要用于炼铝、耐火材料、高铝水泥、磨料等。

软水铝石

软水铝石（boehmite）是 γ 相氢氧化物矿物，化学式为 AlO(OH)，晶体属正交（斜方）晶系，旧称一水软铝石或勃姆铝矿。与晶质的 α 相硬水铝石成同质多象。以首先用 X 射线衍射研究并认识 γ-AlO(OH) 物质的德国化学家 J. 伯姆的姓命名。晶体呈细小的片状、薄板状。常常以松散土状、豆状或隐晶质块状集合体产出。白色或黄白色。玻璃光泽。解理完全。莫氏硬度3.5～4.0。密度3.01～3.46克/厘米³。软水铝石主要由铝硅酸盐岩石风化而成，是组成铝土矿的主要矿物成分，也作为热液作用的产物见于碱性伟晶岩中。在世界范围内分布广泛，美国、法

国、挪威和新西兰等地均有产出。中国山西阳泉、贵州修文和山东淄博等地也有大量产出。

褐铁矿

褐铁矿（limonite）是以含水氧化铁为主要成分的天然多矿物混合物，英文名称来自希腊文，意指它能出现在沼泽地里。早先认为褐铁矿是一种成分为 $2Fe_2O_3 \cdot 3H_2O$ 的独立矿物，但 X 射线衍射分析表明，它们是以隐晶质的针铁矿、纤铁矿、富含水的氢氧化铁胶凝体为主，并由含有铝的氢氧化物、泥质物、赤铁矿、石英、黏土等混合而成；成分复杂而多变，但基本上为 $FeO(OH) \cdot nH_2O$，有时含钴、镍、铜、铅、金等。常呈致密块状、疏松多孔状、钟乳状、葡萄状、土状等产出，也常以黄铁矿晶形的假象出现。物理性质变化大，呈各种色调的褐色（褐黄色、褐色、褐黑色或红褐色等）。条痕黄褐色至褐黄色。莫氏硬度 1 ～ 4。密度 3.1 ～ 4.2 克 / 厘米 ^{3}。褐铁矿在自然界分布广泛，主要由铁的硫化物、铁的氧化物、铁的碳酸盐等氧化而成。铁锈也由褐铁矿组成。在硫化矿床氧化带中常以"铁帽"形式出现，它可作为找矿标志。褐铁矿也可在沼泽、湖泊及泉水沉积中通过无机或生物沉淀而形成。在英国北安普敦、法国洛林、德国巴伐利亚、卢森堡、比利时、瑞典

褐铁矿标本

等地都有具重要价值的褐铁矿床。褐铁矿含铁量低，是钢铁工业次要的铁矿石，但较易冶炼；它还可用作颜料，是黄土中的色素物质。

水锰矿

水锰矿是氢氧化物矿物，化学组成为 $MnO(OH)$，晶体属单斜晶系。锰的主要矿石矿物之一。与斜方水锰矿、六方水锰矿成同质多象。晶体常呈假正交（斜方）对称的柱状、针状、纤维状，柱面有明显的纵纹；集合体呈柱状、束状、粒状、钟乳状等。暗钢灰至铁黑色。条痕红棕至深褐色，有时接近黑色。半金属光泽。解理完全。莫氏硬度 3.5 ～ 4.0。密度 4.2 ～ 4.33 克 / 厘米 ^{3}。水锰矿产于沉积锰矿床中，

水锰矿集合体

与软锰矿、硬锰矿、菱锰矿等共生。以低温热液脉产出的水锰矿，与方解石、重晶石、菱铁矿等共生或伴生，有时呈方解石的假象。在氧化带中水锰矿不稳定，易氧化变为软锰矿，后者常可保留水锰矿的假象。世界著名的水锰矿产地有德国哈茨山和图林根、英国康沃尔，中国内蒙古、湖南、北京昌平亦有产出。

硬锰矿

硬锰矿（psilomelane）是氢氧化物矿物，化学成分变化很大，大

致为 $Ba(Mn^{2+})(Mn^{4+})_8O_{16}(OH)_4$ 或 $(Ba,H_2O)_2Mn_5O_{10}$。硬锰矿呈黑色块状、葡萄状或钟乳状，质硬，是一组含水锰氧化物的天然混合物。主要矿物组成有锰钡矿 $[Ba(Mn^{4+}_6Mn^{3+}_2)O_{16}]$ 和钡硬锰矿 $[(Ba,H_2O)_2(Mn^{+4},Mn^{+3})_5O_{10}]$。后者为硬锰矿的最主要矿物组分。莫氏硬度 5.0 ～ 6.0，密度 3.7 ～ 4.7 克 / 厘米 ^{3}。psilomelane 一词，来自两个希腊单词，意指光滑和黑色，以象征这种矿物的外观。有时 70%BaO 可被 $CaO+K_2O+Na_2O+SrO$ 所置换。矿物结构中含的水，类似于沸石水。含水、一般呈土状而硬度较低的则称为锰土。硬锰矿是提炼锰的重要矿石。主要为外生成因，见于锰矿床的氧化带；褐锰矿、黑锰矿以及含锰碳酸岩和硅酸盐风化的产物；此外，也常见于沉积锰矿床中。在世界范围内有广泛的分布，重要的产地有德国 Saxony 的 Schneeberg、法国的 Romanechc 和印度的 TekraSai 等地。其中作为独立矿物种的钡硬锰矿在自然界分布量少。

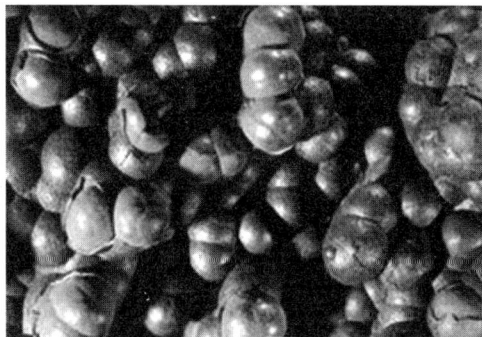

葡萄状硬锰矿

第 6 章

含氧盐矿物

方解石

方解石（calcite）是碳酸盐矿物，化学组成为 $Ca[CO_3]$，晶体属三方晶系，中文名称来自晶体的菱面体解理。宋代马志著《开宝本草》中有关于方解石的记载："敲破，块块方解，故以为名。"英文名称来自拉丁语 calx，意思是能"烧制石灰"。方解石的晶体结构可由氯化钠（NaCl）型结构导出。设想将钙离子（Ca^{2+}）和碳酸根离子（$[CO3]^{2-}$）分别置于NaCl 型结构的钠和氯的位置上，再沿着 NaCl 结构的一个三次轴压扁，

并使平面三角形状的 $[CO_3]^{2-}$ 都垂直三次轴排列，即成方解石的结构。

方解石与文石是碳酸钙（$Ca[CO_3]$）的同质二象变体，方解石晶体结构比文石晶体结构稳定。

方解石晶形多种多样，其品种之多是任何一种矿物

花状方解石晶簇

所无法比拟的，也常形成多种接触双晶和聚片双晶。集合体形态有晶簇状、球状、纤维状、片状、土状、多孔状、钟乳状等。白色或无色，由于钴、铁、锰等杂质的混入，常呈灰、黄、浅红、褐黑等各种颜色。透明无色的方解石称冰洲石，具有双折射现象。玻璃光泽。具有平行菱面体的完全解理。莫氏硬度 3。密度 2.6 ～ 2.9 克 / 厘米 ^{3}。遇冷稀盐酸剧烈起泡，放出二氧化碳气体。方解石是分布最广的矿物之一。在海相沉积条件下，能大量堆积形成巨厚的石灰岩层。从矿泉中沉积形成石灰华，也常见于岩浆、热液等内生作用产物中。在风化过程中易被溶解，形成重碳酸钙进入溶液；在适宜条件下，随着二氧化碳的逸出，产生方解石的沉积，从而形成千姿百态的钟乳石、石笋、石柱等自然景观。方解石是组成石灰岩、大理岩的重要矿物组分。这些岩石已被广泛地应用于建筑、冶金、化工等部门。

菱铁矿

菱铁矿（siderite）是碳酸盐矿物，化学成分为 $Fe[CO_3]$，晶体属三方晶系，英文名称来自希腊文 sideros，是"铁"的意思。氧化亚铁含量达 62.01%，常含锰、镁、钙类质同象混入物，形成锰菱铁矿、镁菱铁矿、钙菱铁矿变种。当大量聚集，而硫、磷等有害杂质 ≤ 0.4% 时，可作为提炼铁的矿物原料。晶体呈菱面体状、短柱状或板状；集合体通常呈粒状、致密块状，亦呈土状、结核状等。新鲜面呈灰白色或黄白色，风化后为暗褐色或褐黑色。莫氏硬度 3.5 ～ 4.0。密度 3.7 ～ 4.0 克 / 厘米 ^{3}，随成分中镁、锰、钙含量的增多而降低。菱铁矿形成于还原环境，有热

液和沉积两种成因。在热液矿
床里，与铁白云石、磁黄铁矿
和铜、铅、锌等金属硫化物共
生；在黏土或煤层里，常有沉
积型菱铁矿产出，呈层状或结
核状，与鲕状赤铁矿、针铁矿、
绿泥石等共生。在氧化条件下，

菱铁矿标本

易分解转变成针铁矿、纤铁矿、水赤铁矿，形成铁帽。中国吉林大栗子、
湖南宁乡以及山西、川南一带煤系中，都有菱铁矿产出。世界著名产地
有奥地利埃尔茨山、西班牙毕尔巴鄂、英国约克郡和达勒姆等。

菱镁矿

菱镁矿（magnesite）是碳酸盐矿物，化学组成为 $Mg[CO_3]$，晶体属
三方晶系，英文名称与化学组成中含镁（magnesium）有关。经常有铁
替代镁，氧化亚铁含量达 9% 者，称铁菱镁矿。1960 年，在中国发现的
河西石，是一种富镍的菱镁矿新变种，又称镍菱镁矿。常呈粒状、致密
块状集合体，有时呈肾状、钟乳状；凝胶状者称瓷菱镁矿。白色或灰白
色，有时呈淡红色，含铁者呈浅黄至褐色；瓷状菱镁矿呈雪白色。玻璃
光泽。三组完全解理。莫氏硬度 3.5 ～ 4.5。密度 2.9 ～ 3.1 克 / 厘米^3。
菱镁矿的工业价值在于其化学组成中的氧化镁具有很强的耐火性和黏结
性，用途广泛。主要用于制作镁砖、铬镁砖、铝镁砖等高级耐火材料；
生产具有高黏结性、高强度、可塑性大、凝固快的水泥以提炼金属镁；

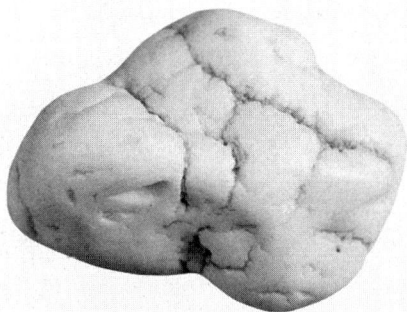

菱镁矿块状集合体

还用作医疗药剂,橡胶、造纸硫化过程的处理剂和填料;是制造塑料、人造纤维、特种玻璃、化妆品等的矿物原料;也用作媒染剂、去色剂、干燥剂、吸附剂、溶解剂、中和剂、铀加工的材料,饲料及农肥原料。

金属镁是航天航空、人造卫星、导弹、雷达军工行业,机械制造、电子、化工等行业广被利用的重要金属。菱镁矿常由热液交代超基性岩、碳酸岩而成,超基性岩经强烈风化能形成瓷状菱镁矿。中国辽宁海城地区菱镁矿,以其规模大、质量高闻名于世。俄罗斯乌拉尔的萨特卡、奥地利的法伊奇、斯洛伐克的科希策、希腊、塞尔维亚的贝尔格莱德和朝鲜都盛产菱镁矿。

菱锰矿

菱锰矿(rhodochrosite)是碳酸盐矿物,化学组成 $Mn[CO_3]$,晶体属三方晶系,英文名称源于希腊语"rose"和"color",是淡粉红色的意思。常有铁、钙、锌替代锰,形成铁菱锰矿、钙菱锰矿、锌菱锰矿变种。通常呈粒状、柱状或致密块状、结核状、土状等集合休。淡玫瑰红色、白色、黄色等,氧化表面呈褐黄至褐黑色。玻璃光泽。三组完全解理。莫氏硬度 3.5 ~ 4.5。密度 3.6 ~ 3.7 克 / 厘米³。菱锰矿在沉积条件下,可形成大型层状矿床;也见于某些硫化物矿脉、热液交代和接触变质矿

床里。与硫化物、锰的氧化物
和硅酸盐矿物共生。中国贵州
遵义、湖南湘潭、辽宁瓦房店
等地锰矿床中，有大量菱锰矿
产出。世界著名的产地有美国
比尤特、奥斯汀，德国埃尔宾
格罗德，英国威尔士等。菱锰

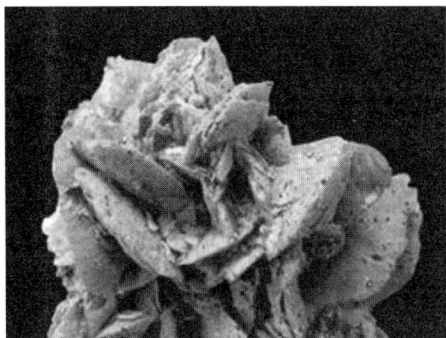

菱锰矿标本

矿是提炼金属锰的重要矿物原料，透明或半透明的优质玫瑰红色菱锰矿
可作为工艺装饰品的原料。

菱锌矿

菱锌矿（smithsonite）是碳酸盐矿物。化学组成为 $Zn[CO_3]$，晶体
属三方晶系。以英国化学家和矿物学家 J. 史密森（James Smithson）的
姓命名，以纪念他捐款创办的研究所对菱锌矿的研究。常有铁、锰、铜
等替代锌，量多时形成铁菱锌矿、锰菱锌矿、铜菱锌矿变种。完整晶形

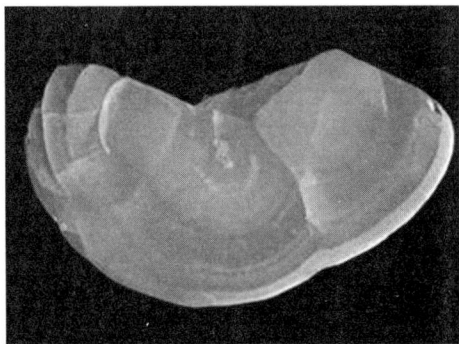

钟乳状菱锌矿

罕见，通常呈葡萄状、钟乳状、
肾状、土状等集合体。纯者白
色，若含铁、锰、铜等杂质，
则染成黄白色、黄色、淡绿色、
淡褐色、淡红色等。玻璃光
泽。三组解理完全。莫氏硬度
4.0 ～ 4.5。密度 4.4 ～ 4.5 克 /

厘米³，是铅锌矿床氧化带典型的次生矿物。大量聚集可作为提取金属锌的矿物原料。色泽艳丽的，尤其是半透明的绿色和蓝色的菱锌矿，可用作工艺装饰原料。煅制后还是传统的中药材，称炉甘石，具有很好的生肌收敛、防腐的功效。世界著名菱锌矿产地有纳米比亚楚梅布、希腊劳里厄姆、墨西哥北部地区等。中国云南兰坪、湖南黄沙坪、广西泗顶、辽宁关门山等地也有产出。

白云岩

白云岩是以白云石为主组成的碳酸盐岩，为提炼金属镁的原料，并可用作炼铁添加剂。

◆ 成分

有理论白云石、原白云石、淡水白云石和盐水白云石。①理论白云石是钙离子（Ca^{2+}）、镁离子（Mg^{2+}）为 1∶1 的有序结构的碳酸盐矿物，古代地层中白云石多属这种矿物。②原白云石是 Ca^{2+} 与 Mg^{2+} 之比大于 1 的结构有序性较弱的白云石，主要产出于现代沉积中。它在地表条件下稳定，只有加温到 200℃ 以上时，才能去掉晶格中多余的钙，形成理论白云石。所以，在常温常压下原白云石不容易向理论白云石转化。③淡水和低盐度地下水中缺乏离子竞争和结晶缓慢而形成的有序结构白云石。这类白云石发现于现代河流、淡水湖泊、洞穴沉积及土壤硬壳中。④盐水白云石是高盐水环境中 Mg^{2+} 浓度高，结晶很快时形成的 Ca^{2+} 与 Mg^{2+} 之比 < 1/5 或 1/10 的无序结构白云石。

◆ **分类**

按形成阶段分为下列 3 类：①同生白云岩。是沉积成岩作用早期或准同生形成的泥晶白云石组成的白云岩。结构均匀致密，粒度通常小于0.03 毫米，层位稳定，发育细微层理，很少含化石，无白云石交代方解石的迹象。②成岩白云岩。是成岩过程中碳酸钙被镁离子交代而形成的岩石。白云岩多呈细晶结构，白云石为 0.1 ～ 0.01 毫米的粒状不规则菱形晶，晶粒常呈浑浊状，含较多碳酸钙残余包体或具云雾状核心结构，常可见到白云石交代碳酸钙颗粒及生物壳体的痕迹，成岩白云岩通常为似层状、透镜状产生，与石灰岩接触界线不规整。③后生白云岩。又称次生白云岩。是已固结成岩的石灰岩再经镁离子交代而形成的白云岩。具明显不均匀的交代结构，白云石粒径粗大，而且大小不一，发育自形菱面体和环带构造。岩石多孔隙，层理不明显，仅可见残余层理构造和生物残核。后生白云岩体与周围未受白云石化的石灰岩呈突变接触关系。

◆ **成因**

白云岩成因一直是地质学中的一个难题。几乎所有人工合成白云石实验证明，只有在高于 200℃温度条件下才能合成有序的理论白云石。在 200 ～ 120℃合成的大都是无序的原白云石。20 世纪 60 年代有人认为，用提高温度、增加试剂浓度、降低反应速度的方法，可以控制白云石的结晶程度和有序性。近代沉积白云石已经在加勒比海的安德鲁斯岛、美国南部的佛罗里达湾、澳大利亚东南沿海的库隆潟湖、波斯湾南岸卡塔尔 – 阿布扎比潮滩等地陆续发现。近代白云石沉积物以有序性不好的原白云石为主，主要形成于 0 ～ 3 米的潮上带或出现在潮间和潮下

白云岩标本

带 pH 大于 9 以上和比正常海水盐度高 5～8 倍的碱化水中。从热力学平衡理论上看，不可能从海洋水中直接沉淀有序白云石，因此提出先生成碳酸钙矿物，被溶液中 Mg^{2+} 交代形成白云石的白云石化作用的各种理论，如渗滤回流作用、蒸发泵毛细管作用、调整白云石化作用和混合白云石化作用等理论。此外，也提出在淡水和低盐度水体中因缺乏白云石形成的竞争离子和缓慢结晶速度可以形成有序白云石的理论——淡水白云石成因说。厚度巨大的层状白云岩的成因有待进一步研究。

文　石

文石（aragonite）是碳酸盐矿物，化学组成为 $Ca[CO_3]$，晶体属正交（斜方）晶系，英文名称源于西班牙产地 Aragon，在此地首次发现文石假六方对称的三连晶。它与方解石成同质多象。晶体呈柱状或矛状，常形成双晶或三连晶，集合体多呈柱状、纤维状、钟乳状、皮壳状、鲕状、豆状、球粒状等。通常呈白色、黄白色或因杂质染成灰、浅绿等颜色。玻璃光泽，贝壳状断口上呈油脂光泽。具有不完

柱状文石

全的板面解理。莫氏硬度为 3.5 ～ 4.5，密度为 2.9 ～ 3.0 克 / 厘米^3。在自然界，文石不稳定，常转变为方解石。主要在外生条件下形成，常与方解石一起产于蛇纹石化超基性岩风化壳、硫化物矿床氧化带及石灰岩洞穴中，也见于低温热液矿床、间歇泉的沉积物中。珍珠和软体动物贝壳内壁的珍珠层就是由文石组成，但它是由生物有机作用所形成。

孔雀石

孔雀石（malachite）是碳酸盐矿物，化学组成为 $Cu_2[CO_3](OH)_2$，晶体属单斜晶系，英文名称源于希腊文"moloche"，意指孔雀石的颜色像锦葵属植物叶子的绿色。单晶呈柱状、针状、纤维状，但罕见。通常呈放射状、肾状、钟乳状、皮壳状、玫瑰花状、土状等集合体。中国古称土状孔雀石为石绿，当作一种矿物药。呈绿色或带有不同色调的条纹状绿色。玻璃光泽或丝绢光泽。解理完全。莫氏硬度 3.5 ～ 4.0。密度 3.7 ～ 4.0 克 / 厘米^3。遇盐酸起泡、易溶。孔雀石是含铜硫化物矿床氧化带典型的次生产物，常与蓝铜矿、自然铜、赤铜矿、辉铜矿、氯铜矿、褐铁矿等紧密共生；也常依蓝铜矿、赤铜矿、黄铜矿等矿物形成假象。是寻找原生铜矿的矿物标志。孔雀石中氧化铜含量为 71.95%，大量聚集，可作为铜矿石，还可作为天然绿色颜料、工艺美术雕刻品、

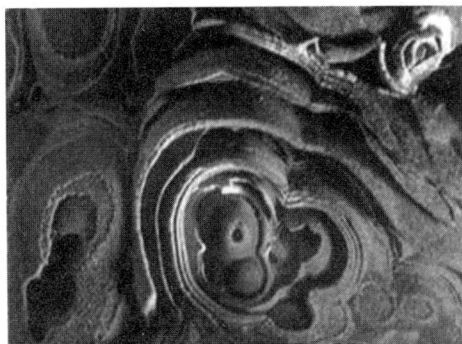

同心状孔雀石

装饰品的材料。孔雀石的颜色和条纹，是人们将它用作宝石的重要因素，由于它不够坚硬，不是耐用的宝石材料。俄罗斯乌拉尔的孔雀石闻名于世，其孔雀石块体可达 50 吨。中国海南石碌、法国谢西、美国亚利桑那州和新墨西哥州等地也有大量产出。

蓝铜矿

蓝铜矿（azurite）是碳酸盐矿物，化学组成为 $Cu_3[CO_3]_2(OH)_2$，晶体属单斜晶系。中国古称石青。英文名称来自法语 azur，天蓝色的意思。晶体常呈柱状、厚板状，通常呈粒状、晶簇状、致密块状、皮壳状、土状等集合体。深蓝色，玻璃光泽。土状块体，呈浅蓝色，暗淡光泽。解理完全。莫氏硬度 3.5 ～ 4.0。密度 3.77 克 / 厘米³。遇盐酸起泡、易溶。

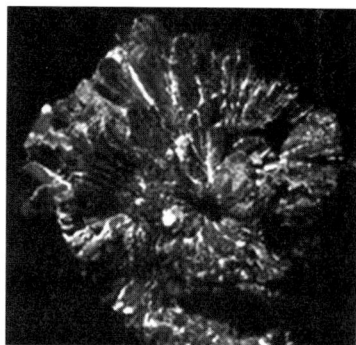

板柱状蓝铜矿

蓝铜矿是含铜硫化物矿床氧化带的典型次生产物，与碳酸溶液作用于含铜硫化物有关。与孔雀石、赤铜矿、辉铜矿、黑铜矿及铜的硫酸盐、磷酸盐、褐铁矿等共生。可作为寻找原生铜矿的标志。由于蓝铜矿容易转变成孔雀石，其分布没有孔雀石广泛，而孔雀石常依蓝铜矿呈假象。蓝铜矿中氧化铜含量为 69.24%，大量堆积可用作炼铜的矿物原料、天然蓝色颜料。质纯色艳者，用作装饰工艺品。在俄罗斯乌拉尔、英国康沃尔、美国加利福尼亚、中国海南等地均有大量产出。

第7章
硫酸盐矿物

铅矾

铅矾（anglesite）是硫酸盐矿物，化学组成为$Pb[SO_4]$，晶体属正交（斜方）晶系，英文名称取自发现此矿物的威尔士岛安格尔西（Anglesey）。含氧化铅达 73.6%，大量聚集时，可作为铅矿石资源。晶体呈板状、短柱状和纤维状；集合体为致密块状、粒状、钟乳状、结核状和皮壳状，残余的方铅矿常包裹在内。纯者无色或白色，常被杂质染成灰、黄、绿、褐等色调；含较多未分解或残余方铅矿显微包体的铅矾呈灰黑色。金刚光泽。莫氏硬度 2.5～3.0。密度 6.1～6.4 克/厘米³。解理中等至不完全。性脆。紫外光下发荧光。主要由方铅矿氧化而成，产于铅锌矿床氧化带；在地表碳酸水溶液的作用下，进一步氧化变成白铅矿。所以铅矾常与方铅矿、白铅矿及其他

铅矾标本

风化过程的产物如自然硫、石膏、黄钾铁矾等伴（共）生。

重晶石

重晶石（barite）是硫酸盐矿物，化学组成为 $Ba[SO_4]$，晶体属斜方晶系，英文名称来自希腊文 barys，是"重"的意思。常有锶、铅、钙类质同象替代钡。富铅的重晶石变种，称铅重晶石，因产于中国台湾北投温泉，又称北投石。晶体呈厚板状、柱状。集合体为粒状、致密块状、纤维状、钟乳状、结核状、土状等。纯净晶体无色或白色，常被铁质、泥质物或有机物等杂质染成浅灰、淡蓝、浅黄、粉红、棕褐等色。重晶石玻璃光泽，解理面显珍珠光泽。莫氏硬度 3～3.5。密度 4.3～4.5 克/厘米^3。解理完全或中等。性脆。不溶于水、弱酸和有机溶液。抗辐射伤害性能好。有些变种具有热光性和磷光。重晶石主要在热液和沉积条件下形成，因其化学性能稳定，能形成残积型重晶石砂矿床。热液脉型矿床中的重晶石，常与萤石、石英、毒重石（碳酸钡矿）和金属硫化物共生。沉积型重晶石矿床规模大，常与黏土矿物、黄铁矿、闪锌矿等硫化物共生。中国主要重晶石产地有广西象州县圣母岭、来宾古潭，陕西安康石梯，湖北随州市柳林，湖南新晃贡溪，福建永安李坊，贵州修文三角山，重庆酉阳等。世界著名产地有美国密苏里州和阿肯色州、俄

铅重晶石（北投石）

罗斯乌拉尔山矿床、格鲁吉亚库塔伊西、德国威斯特法伦州等。重晶石有广泛用途，大量用于油气井钻探的泥浆加重剂，橡胶、塑料、纸张、布匹、油漆的填料和填充剂。重晶石中氧化钡的含量达 65.7%，是重要的提炼金属钡和制取碳酸钡、硫酸钡、氯化钡、氢氧化钡、钛酸钡、锌钡白等钡的化合物的矿物原料。这些钡的化合物广泛用于海水净化、润滑油添加剂、电视显像管的辐射滤材，还用作提高玻璃折射指数、硬度、抗腐蚀性和提高陶瓷品光泽、改善耐磨损等性能的化工矿物材料。

天青石

天青石（celestite）是硫酸盐矿物，化学组成为 $Sr[SO_4]$，晶体属正交（斜方）晶系，英文名称来自拉丁文 caelestis，意指"天空"，是根据一些天青石呈天蓝色而得名。常有钡、钙类质同象替代锶，形成钡天青石、钙天青石变种。天青石与菱锶矿是自然界中主要的含锶矿物，也是仅有的、具有工业意义的两种锶矿物。天青石许多特征与重晶石相似。晶体呈板状、柱状，集合体呈粒状、块状、纤维状、放射状、钟乳状、结核状等。在美国俄亥俄州产出的天青石单晶体尺寸达 50 厘米。天青石有白色、浅黄、浅灰或天蓝色。玻璃光泽，解理面显珍珠光泽。莫氏硬度 3 ～ 3.5。密度 3.9 ～ 4.0 克 / 厘米 ^{3}。解理完全或中等。染火焰深紫红色，可借以与重晶石相区别（重晶石染焰色为黄绿色）。有些变种在紫外光照射下发荧光。天青石主要产于沉积岩中，呈结核状、层状或浸染状，与石膏、碳酸盐矿物等共生；也见于热液脉，与萤石、重晶石、方解石、方铅矿、闪锌矿等硫化物共生；或由淋滤作用充填于石灰岩晶洞或裂隙

天青石柱状晶体

里。中国主要的天青石产地有江苏溧水，云南金顶，湖南浏阳，陕西宁强，重庆合川、大足等。世界著名产地有美国加利福尼亚州伯纳迪诺、亚利桑那州瓦尔彻，墨西哥谢拉莫哈达，英国布里斯托尔等。天青石含氧化锶56.42%，是提炼锶和制取碳酸锶、铬酸锶、钛酸锶、氯化锶、氢氧化锶、氟化锶等锶化合物的主要矿物原料。天青石粉及锶的化合物用于制造特殊玻璃（电视显像管玻璃等）、玻璃纤维、特殊的珐琅和瓷釉、红色烟火及信号弹、火箭燃料、防腐性颜料、脱敏牙膏、干燥剂等的原料。

石　膏

石膏（gypsum）是含水硫酸盐矿物，化学组成为 $Ca[SO_4] \cdot 2H_2O$，晶体属单斜晶系，又称二水石膏或生石膏。在中国药典中有细理石、冰石、软石膏、寒水石、玄精石等之称。英文名称来自希腊文 gypsos，但源于阿拉伯语 jibs，意思是"涂墙的灰浆或熟石灰"。通常根据形态、物性或组成特征取不同名称：如纤维状石膏集合体，称纤维石膏；白色透明、细粒状石膏块体，称雪花石膏；无色透明石膏晶体，称透石膏；含少量泥质碳酸盐矿物、呈浅灰色的石膏，称普通石膏；含较多黏土矿物、呈土状集合体，称泥质石膏。晶体呈板状、粒状、纤维状；燕尾状双晶很常见。集合体多呈致密块状、纤维状、土状等。无色或白色，常因杂质染成灰黄、褐红等色。玻璃光泽，解理面显珍珠光泽、纤维石膏显丝绢光泽。莫氏硬度 1.5 ～ 2.0。密度 2.3 克 / 厘米³。性脆。解理极完全至完全。解理薄片具挠性。不溶于水。煅烧石膏时，随着温度升高、逐渐脱水会导致新物相产生和性能的改变。当温度升高到 100 ～ 200℃时，转变成半水石膏，即熟石膏（$CaSO_4 \cdot 0.5H_2O$），它具有很强的活性和凝结力。加热到 200 ～ 400℃时，转变为易溶的硬石膏，它能强烈吸收空气中的水分变成半水石膏；掺水后，很快凝结，但强度极小。继续加热到 600 ～ 800℃，变成不溶的硬石膏，当加入少量石灰或粒化高炉矿渣作催化剂，则可成为强度高的硬石膏胶结料。加热到 900 ～ 1000℃时，不仅全部脱水，部分硫酸钙还分解成氧化钙，形成煅烧石膏（又称水硬性石膏），它具有抗水性、强度高的性能，是理想的凝结材料。

板状石膏晶体

　　石膏有广泛的用途，大量用于建材工业，其次是农业、化工和轻工行业。未煅烧石膏主要用作硅酸盐水泥的缓凝剂，土壤改良的调节剂，农用肥料，纸张、油漆、橡胶、塑料、日用化工、纺织品的填料；而煅烧石膏可用作石膏板（轻质墙体材料）和灰泥（建筑胶结材料）。在中国，石膏是常用的矿物药之一，中医认为石膏味甘而辛，甘能缓脾益气、止渴去火，辛能解肌发汗。

石膏是分布极广的矿物，主要在沉积和风化条件下形成，少数见于热液形成的硫化物矿床里。在海盆和湖盆里形成的石膏，是由卤水蒸发或由硬石膏水化而成，与硬石膏、石盐等共生。呈层状或透镜体状于石灰岩、红色页岩、泥灰岩、砂质黏土岩层的层间。硫化物矿床氧化带的石膏，主要是硫化物变来的。早期形成的石膏、硬石膏矿床，受化学风化后，在围岩裂隙或洞穴里，形成次生的裂隙充填型或溶洞型石膏矿床。中国石膏矿床类型多、分布广、储量居世界首位。著名产地有湖北应城和云梦，山西太原、大同、平陆，湖南湘潭、澧县和邵东，辽宁辽阳和本溪等。世界其他著名石膏矿床产地有美国得克萨斯州、纽约州和密歇根州，加拿大新斯科舍省、不列颠哥伦比亚省，法国巴黎盆地，白俄罗斯布里涅夫，波兰克拉科夫，奥地利萨尔茨堡，德国北部地区等。

胆 矾

胆矾是含水硫酸盐矿物，化学组成为 $Cu[SO_4] \cdot 5H_2O$，晶体属三斜晶系。中国古籍中又称石胆、蓝矾、云胆矾。晶体呈板状或短柱状，集合体常呈粒状、致密块状，也呈纤维状、钟乳状或皮壳状。蓝色或天蓝色。玻璃光泽。莫氏硬度2.5。密度2.1～2.3克/厘米³。解理不完全。性脆。味苦而涩。极易溶于水。胆矾是典型的次生矿物，属含铜

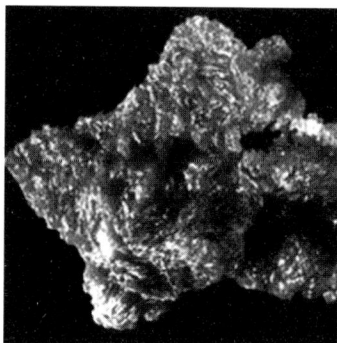

胆矾标本

硫化物氧化分解的产物。常见于干燥地区含铜硫化物矿床氧化带，有些铜矿床古坑道壁上也有少量产出。大量聚集可用作颜料及印染、电池、木材防腐等方面的化工原料。胆矾是一种矿物药，具有催吐、化痰消积的作用，还可用作杀虫剂或掺入牲畜饲料作药剂用。智利的丘基卡马特、克特纳和科珀基雷为世界著名产地。

芒　硝

芒硝（mirabilite）是含水硫酸盐矿物，化学组成为 $Na_2SO_4 \cdot 10H_2O$，晶体属单斜晶系，英文名称来自拉丁文 mirabile，是"奇怪"的意思，以示德国化学家 J.R. 格鲁勃用硫酸和食盐合成这种化合物时的惊奇心情，故又称格鲁勃盐。芒硝在矿物学中是一个矿物种的名称；在工业上，"芒硝"指能从其中提取硫酸钠的一组矿物，包括芒硝、无水芒硝、钙芒硝和白钠镁矾，它们都是制取硫酸钠（又称元明粉）、硫酸铵、硫酸、硫化钠和硅酸钠等的重要矿物原料，广泛用于制造染料、纸浆、玻璃、水玻璃、药品、橡胶、洗涤剂等工业部门。在中国药典中，芒硝具有清热泻火、通便散结的功能，有芒消、朴消、盐消、皮消、土消、马牙消等异名（因芒硝见水即溶且能消化诸物，其异名又与芒硝的产地或形态有关）。芒硝晶体呈短柱状或针状，集合体常呈致密块状、纤维状、被膜状、皮壳状等。无色透明或白色，有时呈浅黄、浅蓝、浅绿等，玻璃光泽，莫氏硬度 1.5 ～ 2.0，密度 1.49 克/厘米^3。解理完全，性脆，味凉而苦咸，极易溶于水，在干燥空气中逐渐失水转变成白色粉末状无水芒硝。芒硝是典型的化学沉积物，主要产于现代干涸盐湖中，

芒硝集合体

与石盐、石膏、无水芒硝、泻利盐等矿物共生。在古代盐湖中,芒硝很少单独形成矿床,常与钙芒硝矿层相伴产出。中国芒硝资源极为丰富,著名产地有山西运城、新疆哈密七角井和艾丁湖、青海柴达木盆地大柴旦、内蒙古苏尼特右旗查干诺尔。美国西尔斯湖和大盐湖、土库曼斯坦的卡拉博加兹戈尔海湾、墨西哥科阿韦拉等地的芒硝矿床闻名于世。

明矾石

明矾石(alunite)是硫酸盐矿物,化学组成为 $KAl_3[SO_4]_2(OH)_6$,晶体属三方晶系,英文名称来自拉丁文 alum,是明矾的意思。成分中钾常被钠替代,钠含量超过钾时称钠明矾石($NaAl_3[SO_4]_2(OH)_6$)。晶体细小,呈厚板状或假立方体状,但较为少见;常呈块状、粒状、叶片状、土状、结核状等集合体。纯者为白色,含杂质常呈浅灰、浅黄、浅红等色调。玻璃光泽,解理面呈珍珠光泽,断口显油脂光泽。底面 {0001} 解理中等。莫氏硬度 3.5 ~ 4.0。密度 2.6 ~ 2.9 克 / 厘米³。性脆。有热电效应。不溶于水,几乎不溶于盐酸、硝酸、氢氟酸和氨水,溶于强碱、热浓硫酸。明矾石主要由含硫酸的低温溶液作用于中酸性火山岩蚀变而成,与石英、叶蜡石、绢云母、高岭石等共生;也产于硫化矿床氧化带,呈脉状、网脉状充填裂隙或呈皮壳状附着岩石表面。中国明矾石资源,在储量和质量方面都闻名于世。著名产地有中国浙江苍南矾山（有"矾都"之誉称）及瑞安仙岩、萧山岩山、平阳下山，安徽庐江大矾山，福建泰宁峨嵋，甘肃白银厂等。世界其他主要产地有乌兹别克斯坦的绍尔苏、美国犹他州的马里斯维尔。此外，意大利、西班牙、法国、英国、希腊、德国等都有产出。明矾石主要用于制取明矾、硫酸铝、三氧化二铝、硫酸和钾肥，还用作净水剂、感光材料的硬膜剂、皮革的鞣剂等。广泛应用于环保、食品加工、医药、染料、造纸、皮革等行业。

叶片状明矾石

第 8 章

钨酸盐矿物

白钨矿

白钨矿（scheelite）是钨酸钙盐矿物，化学组成为 $CaWO_4$，矿物晶体属四方晶系，又称钨酸钙矿或钙钨矿。英文名来源于德语 Scheelit，矿物以发现钨酸的瑞典化学家 C.W. 舍勒的姓氏命名。三氧化钨（WO_3）含量为 80.53%。由于钨离子和钼离子半径几乎相等，白钨矿中的钨可被钼置换，成为白钨矿-钼钨矿系列；部分钙可以被铜、铅、锌、铌、钽、铁、稀土等元素代替。天然白钨矿大都呈块状或粒状集合体。晶体为假八面体形的四方双锥状，有的呈板状。颜色较浅，常呈乳白、灰白、灰黄或浅褐色。含铜白钨矿呈绿色，含钼白钨矿呈褐黄色。条痕白色。晶面为玻璃-金刚光泽，断口呈油脂光泽或脂肪光泽。三组中等解理。莫氏硬度 4.5～5.0。密度高达 5.8～6.2 克/厘米³。

白钨矿（上）与水晶（下）共生

在紫外线照射下发浅蓝色荧光，随着钼含量的增高，由蓝色荧光变成黄色。

白钨矿化学稳定性逊于黑钨矿，可用盐酸和硝酸直接分解。在酸性地表水作用下，易被溶解、淋失或形成钨华、水钨华等次生矿物。白钨矿是自然界分布最广的一种钨矿物。主要产于花岗岩与石灰岩接触带的夕卡岩中，其次是石英脉型和斑岩型。共生矿物主要有石英、方解石和铜、铅、锌、锑等硫化物。世界著名产地有澳大利亚塔斯马尼亚州的金岛多尔芬和博尔赫德、奥地利的米特西尔、加拿大的坎通和马克通、日本的土谷和八茎、美国的斯普林格、韩国的三洞，以及泰国沙蒙和莫克山。中国湖南郴州瑶岗仙和柿竹园、江西阳储岭和西华山都是中外闻名的白钨矿产地。白钨矿是提取钨的最主要矿物原料之一，矿物颗粒大、晶形好的白钨矿可作为宝石。

钼酸盐矿物

钼铅矿

钼铅矿（wulfenite）是钼酸盐矿物，化学组成为 $PbMoO_4$，矿物晶体属四方晶系。又称彩钼铅矿。英文名称来源于德语 Wulfenit，以奥地利矿物学家 F.X.von 武尔芬的姓氏来命名。晶形常为方形、平板状，颜色通常呈现黄色至黄棕色。氧化钼（MoO_3）含量为 39.21%。有时含钨、钒、钙和稀土元素等。铅可被钙和稀土代替，钼可被铀、钨、钒代替形成相应变种。晶体呈板状、薄板状，少数呈锥状、柱状，单形常见。集合体粒状。颜色多样，有黄色、橘红色、灰色、褐色等，其中以黄色、黄棕色为常见。金刚光泽，断口为松脂光泽。亚贝壳状

薄板状钼铅矿

断口，油脂光泽。透明至半透明。发育 4 组解理。莫氏硬度 2.5～3。密度 6.5～7.5 克 / 厘米³。多见于铅锌矿矿床的氧化带中，常交代白铅矿等。大量出现时可成为铅钼矿石。共（伴）生矿物有白铅矿、铅矾、

菱锌矿、异极矿、钒铅矿、氯磷铅矿、砷铅石、羟砷锌铅石、块黑铅矿、铁锰氧化物等。世界著名的产地有捷克、摩洛哥、阿尔及利亚、澳大利亚、墨西哥、美国等地，以及中国新疆。钼铅矿可作为铅和钼的找矿标志；大量聚集时可作为矿石开采，提取铅、钼元素。晶体完整者可作收藏使用。

第10章

磷酸盐矿物

独居石

独居石（monazite）是稀土磷酸盐矿物族，英文名称来源于希腊语 μονάζειν，意为"孤立"，译为德文 Monazit 后演变而来的，意为孤立的晶体。化学式通式为 $(Ce,La,Nd,Th)(PO_4)$，晶体属单斜晶系。颜色通常为红棕色，通常以细小独立的单晶体存在于自然界中。在次生、风化作用下，独居石会富集，形成有工业价值的砂矿床。中国广西、内蒙古、新疆、江西、广东和陕西等地具有丰富的独居石矿产资源。世界独居石精矿产量居首位的是澳大利亚，其次是巴西、印度、马来西亚等地。著名产地有澳大利亚新南威尔士州、印度喀拉拉邦，巴西圣埃斯皮里图州、巴伊亚州等。

已发现的独居石矿物包括：①铈独居石 $[Ce(PO_4)]$。为最常见的独居石矿物，晶体呈板状、柱状或楔形，长者可达 27 厘米，粒状或块状。双晶常见，通常为接触双晶。棕红色、棕色、黄褐色、

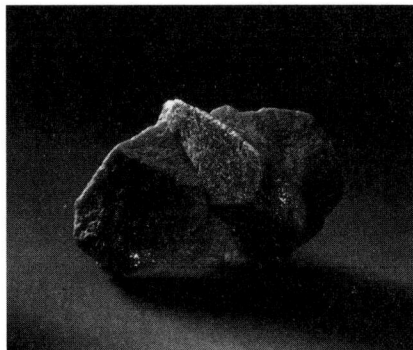

独居石标本

淡黄色、黄色、黄绿色、粉色或灰色，树脂光泽、蜡状光泽、玻璃-金刚光泽，发育一组完全解理，莫氏硬度 5～5.5，密度 4.98～5.43 克/厘米^3。富含钍的铈独居石具有放射性，阴极发光为暗棕色。作为副矿物形成于花岗岩、正长岩和伟晶岩中，也形成于碳酸岩和火山碎屑岩中，在岩脉和高级变质岩中也可见到，在河流和沙滩的岩石碎屑中常见，很少见于页岩和强烈分化带中。常与锆石、榍石、钍石、褐帘石、黑钨矿和方铈矿等共生。②镧独居石 [La(PO$_4$)]。晶体呈板状、柱状或楔形、粒状或块状，淡黄色至深棕色、淡红色或黄色，树脂光泽、蜡状光泽、玻璃-金刚光泽，一组完全解理，莫氏硬度 5～5.5。密度 5.17～5.27 克/厘米^3。富含钍的铈独居石具有放射性。见于岩脉、花岗岩和变质片麻岩中。③钕独居石 [Nd(PO$_4$)]。长柱状晶体或粒状，最大 15 微米，亮玫瑰红，一组完全解理，莫氏硬度 5～5.5，理论密度 5.43 克/厘米^3。在与白云母片麻岩有关的细晶岩脉及与火山有关的海水燧石中可见。常与金红石、褐帘石、铈独居石等共生。④钐独居石 [Sm(PO$_4$)]。

磷灰石

磷灰石（apatite）为矿物晶体结构属六方晶系且结构中含有 OH$^-$、F$^-$、Cl$^-$ 的钙的磷酸盐矿物超族名称。1786 年德国地质学家 A.G. 维尔纳发现命名了磷灰石，为具有化学式 Ca$_5$(PO$_4$)$_3$X(X=F,Cl,OH) 的钙的磷酸盐，他所描述的型标本在 1860 年被德国矿物学家 K.F.A. 拉梅尔斯伯格重新定义为氟磷灰石。对具有维尔纳定义的磷灰石化学式 Ca$_5$(PO$_4$)$_3$X(X=F,Cl,OH) 的矿物进一步研究发现，该磷灰石实际上存在

3 个独立的端元组分，即根据所含附加离子 X^- 的不同，将磷灰石分为氟磷灰石 $Ca_5[PO_4]_3F$、氯磷灰石 $Ca_5[PO_4]_3Cl$、羟磷灰石 $Ca_5[PO_4]_3(OH)$ 三端元矿物种。英文名称 apatite 源于希腊词语 απατείν（德语为 apatein），含义为欺骗或误导，反映了该种矿物经常被误认为其他矿物。

根据磷灰石矿物超族化学式通式 $M_5(TO_4)_3X(Z=2)$ 阴离子（T^{5-}）和附加离子（X^-）的不同，分别命名了 11 种矿物：氟磷灰石（$Ca_5(PO_4)_3F$）、氯磷灰石（$Ca_5(PO_4)_3Cl$）、羟磷灰石（$Ca_5(PO_4)_3OH$）、氟砷钙石（又称砷灰石，$Ca_5(AsO_4)_3F$）、氯砷钙石（$Ca_5(AsO_4)_3Cl$）、羟砷钙石（$Ca_5(AsO_4)_3OH$）、氟磷锶矿（$Sr_5(PO_4)_3F$）、氯磷铅矿（又称磷氯铅矿，$Pb_5(PO_4)_3Cl$）、氯砷铅矿（又称砷铅石（砷铅矿），$Pb_5(AsO_4)_3Cl$）、氯磷钡石（又称钡磷灰石，$Ba_5(PO_4)_3Cl$）、氯钒铅矿（又称钒铅矿，$Pb_5(VO_4)_3Cl$）。

磷灰石三种端元组分中分布最广的是氟磷灰石，它就是一般所指的磷灰石。磷灰石常含少量锶、铈等稀有元素和稀土元素，所以是提取磷，回收稀土元素、稀有元素的矿物原料。磷灰石晶体常见，主要呈柱状、厚板状；集合体呈粒状、致密块状、结核状。胶状变种称胶磷矿。磷灰石无色，常含杂质而呈浅绿、黄绿、褐黄色；有时呈蓝绿色、紫红色，含有机质者呈黑色。玻璃光泽，断口油脂光泽。解理不完全，断口平坦，性脆。莫氏硬度 5，密度 3.18～3.22 克/厘米³。加热发磷光。磷灰石是地壳中分布最广的磷酸盐矿物。常作为副矿物产于各种火成岩中，有时高度富集形成有经济价值的磷矿床。如俄罗斯科拉半岛的希宾磷灰石矿，就是产于碱性岩而闻名于世的磷矿。磷灰石也是典型的伟晶岩和热液脉型矿物，常有宝石级晶体产出。规模巨大的磷矿床多属浅海沉积和沉积变质成因，并以胶磷矿为主。中国主要产地有贵州遵义和开阳、湖北宜昌、云南昆阳、河北丰宁、黑龙江鸡西、江苏海州等。世界著名产地有阿尔及利亚的安纳巴省、摩洛哥的胡里卜盖和优素菲耶、俄罗斯科拉半岛等。位于太平洋中西部的瑙鲁岛和圣诞岛、智利沿岸的一些岛屿、中国南海西沙群岛的鸟粪磷矿，属生物化学作用的产物，主要是由羟磷灰石组成的一种特殊类型的磷矿。在缅甸、斯里兰卡、美国、墨西哥和印度都有宝石级磷灰石晶体产出。羟磷灰石是人体骨骼、牙齿、胆结石和尿结石的重要成分。磷灰石是提取磷和制造农用磷肥的重要原料，颜色好、结晶好的磷灰石可作为宝石或装饰材料。伴生元素多的磷灰石可以综合利用。

◆ 氟磷灰石

氟磷灰石中 F 的含量大于 Cl 或 OH 的含量。六方柱状晶体，晶体单向延伸。主要单形有六方柱和六方双锥，晶体可见 2 米长。可形成复杂的板状或盘状晶形，以及粒状、球状、肾状、结节状、块状等许多其他形态。双晶可成接触双晶，但少见。解理差。断口贝壳状到不平坦，性脆，硬度 5，密度 3.1 ～ 3.25 克 / 厘米^3。可能存在阴极发光、磷光或中波紫外荧光。透明到不透明，海绿色、紫罗兰、紫色、蓝色、粉红色、黄色、棕色、白色或无色，可见色带。白色条痕。玻璃光泽至树脂光泽。氟磷灰石为最常见的成岩磷酸盐矿物。以副矿物的形式存在于大多数火成岩中，是组成正长岩、碱性岩、碳酸岩、花岗伟晶岩的重要副矿物，在大理岩和夕卡岩、富钙的区域变质岩等岩石中常见。是沉积型磷矿的主要成分。共（伴）矿物有透辉石、镁橄榄石、方柱石、金云母、粒硅镁石、方解石、磁铁矿等。

◆ 氯磷灰石

氯磷灰石中 Cl 的含量大于 F 或 OH 的含量。六方柱状晶体，晶体可见 5 厘米长。粒状、块状，可与氟磷灰石呈环带生长。解理差。性脆，硬度约 5，密度 3.17 ～ 3.18 克 / 厘米^3。透明到不透明，绿黄色、白色略带粉红色，带亮绿色调的灰色。白色条痕。玻璃光泽。氯磷灰石比氟磷灰石和羟磷灰石更少见，形成于缺 F 的环境。产于钙质硅酸盐岩大理岩中，在层状铁镁质侵入岩中以副矿物出现；产于绿辉岩岩脉中，通过交代花岗伟晶岩中的蓝铁矿形成；以及在陨石中亦有发现。不同成因的共（伴）生矿物也不同，如产于加拿大鲍勃（Bob）湖中的氯磷灰石，共（伴）生有阳起石、透辉石、方解石、石英、滑石等；产于美国弗吉尼亚宝轮河采石场的氯磷灰石，共（伴）生有角闪石、绿泥石、斜长石、榍石、硅硼钙石；产于摩洛哥南昂感福伟晶岩的氯磷灰石，共（伴）生有橄榄石、斜方辉石、金云母、磷复铁钠石、铬铁矿。

◆ 羟磷灰石

羟磷灰石中 OH 的含量大于 F 或 Cl 的含量。板状至柱状晶体，可见 30 厘米长，常呈现钟乳状、结节状。解理差。贝壳状裂开。性脆，硬度约 5，密度 3.14 ～ 3.21 克 / 厘米^3。透明到不透明，白色、蜡黄色、海绿色、棕色、黑色。玻璃光泽至树脂光泽、土状光泽。可由鸟粪中磷酸盐溶液与灰岩反应形成，也可形成于与蛇纹石有关的滑石片岩中，亦可作为复杂的花岗伟晶岩中的羟磷铝锂石改造形成。共（伴）生矿物有透磷钙石、洞穴碳酸盐、滑石、蛇纹石（片岩）、羟磷铝锂石、白云母（伟晶岩）等。

△
第**11**章

硼酸盐矿物

硼镁铁矿

硼镁铁矿（ludwigite）是硼酸盐矿物，属于含氧硼酸盐类，英文名称取自奥地利化学家 E. 路德维希（Ernst Ludwig）的姓氏。成分中亚铁离子（Fe^{2+}）和镁离子（Mg^{2+}）成完全类质同象替代，当 Fe^{2+} 大于 Mg^{2+} 时，称为硼铁矿。另外，Fe^{2+} 和 Mg^{2+} 可以被锰、钴、镍等过渡金属元素替换，并构成系列具有工业应用的重要合金材料，如 $Ni_2Mn[BO_3]O_2$。天然硼镁铁矿－硼铁矿系列矿物中往往含有 Mn、Ti、Ca、Al 和 Sn 等杂质元素，这些杂质的存在给该系列矿物的物理性质研究带来很大影响，特别是由于晶胞参数产生无规则的变化，以致不能确定该矿物系列中的晶胞参数是否呈连续变化。天然硼镁铁矿有富 Mn、Al、Ti、Sn 的硼镁铁矿的亚种，如中国湖南大型内生硼矿床中产出罕见的富锡镁铁硼酸盐矿物，与硼镁铁矿晶体结构相同，但组分中富锡，以硼镁铁矿的亚种命名——富锡硼镁铁矿。

硼镁铁矿的放射状集合体

化学组成为 $(Mg,Fe)_2Fe[BO_3]O_2$，

晶体属正交（斜方）晶系。晶体呈长柱状、针状、毛发状；通常呈放射状、纤维状集合体，也呈粒状、致密块状。具弱磁性。物理性质随成分中铁含量的变化而异。暗绿色至黑色，浅黑绿色至黑色条痕，光泽暗淡，莫氏硬度 5.5 ~ 6.0。多数硼镁铁矿物密度为 3.6 ~ 4.7 克 / 厘米 ^{3}，少数硼镁铁矿密度偏大，如硼铁矿密度可达 4.8 克 / 厘米 ^{3}。主要产于镁质夕卡岩、火山沉积变质岩、蛇纹岩和金云蛇纹岩中。中国硼镁铁矿主要产地有辽宁凤城、宽甸、营口、岫岩，以及吉林集安和湖南常宁；山西、陕西、山东、河北、甘肃等地变质岩中也有产出。世界主要产地有俄罗斯西伯利亚、朝鲜、罗马尼亚、瑞典和美国等地。硼镁铁矿是提取硼及其化合物的重要矿物原料。

硼 砂

硼砂（borax）是含水硼酸盐矿物，又称为四硼酸钠盐。英文名称来自波斯语 burah，白色的意思。硼砂最先发现于中国西藏的干旱湖盆里，公元 8 世纪经古丝绸之路将其输入到阿拉伯半岛，首次常规应用出现于 19 世纪的晚期。矿物晶体形态呈短柱状、厚板状，矿物呈粒状、块状、晶簇状、土状、皮壳状等的集合体。白色或微带灰、黄、蓝、绿等色调，玻璃光泽，莫氏硬度 2 ~ 2.5，性极脆，密度 1.69 ~ 1.72 克 / 厘米 ^{3}。解理发育完全，且具逆磁性，易溶于水，味甜略带咸，煅烧时膨胀，熔成透明的玻璃状体。

化学组成为 $Na_2[B_4O_5(OH)_4] \cdot 8H_2O$，晶体属单斜晶系。依据结构含水不同和矿物成分变化，从十水硼砂（$Na_2B_4O_7 \cdot 10H_2O$）至部分脱水的五水硼砂（$Na_2B_4O_7 \cdot 5H_2O$），甚至完全脱水的无水硼砂（$Na_2B_4O_7$）。硼砂是常见的硼酸盐矿物之一，主要产于干旱地区盐湖的干涸沉积物中，也呈硼霜于土壤的表面和热矿泉的沉积物中。世界著名产地主要有美国加利福尼亚州克拉默矿、内华达州南部和俄勒冈州，土耳其比加迪奇和埃梅特，以及沿智利、阿根廷、玻利维亚、秘鲁边界延伸的安第

柱状硼砂

斯山脉。中国是最早开采硼砂的国家，如西藏杜佳里湖、青海大柴旦湖产出的硼砂矿床闻名于世。硼砂是重要的矿产资源和工业硼矿物，用于提取硼及其化合物。硼砂还广泛用于医药、化妆品、食品、玻璃、陶瓷、化工、冶金、航天航空等领域。

硅酸盐矿物

　　硅酸盐矿物是由金属阳离子与硅酸根化合而成的含氧酸盐矿物。硅酸盐矿物在自然界分布极广，是构成地壳、上地幔的主要矿物，约占整个地壳物质组成的 90% 以上，且在陨石和月岩中的含量也很丰富。许多硅酸盐矿物如石棉、云母、滑石、高岭石、蒙脱石、沸石等是重要的非金属矿物原料和材料。

◆ **化学组成**

　　组成硅酸盐矿物的元素达 40 余种。其中除了构成硅酸根所必不可少的 Si 和 O 以外，作为金属阳离子存在的主要是隋性气体型离子（如钠离子 Na^+、钾离子 K^+、镁离子 Mg^{2+}、钙离子 Ca^{2+}、钡离子 Ba^{2+}、铝离子 Al^{3+} 等）和部分过渡型离子（如亚铁离子 Fe^{2+}、铁离子 Fe^{3+}、二价锰离子 Mn^{2+}、三价锰离子 Mn^{3+}、三价铬离子 Cr^{3+}、钛离子 Ti^{3+} 等）的元素，铜型离子（如亚铜离子 Cu^+、锌离子 Zn^{2+}、二价铅离子 Pb^{2+}、锡离子 Sn^{4+} 等）的元素较少见。此外，还可有氢氧根离子 $(OH)^-$、氧离子 O^{2-}、氟离子 F^-、氯离子 Cl^-、碳酸根离子 $[CO_3]^{2-}$、硫酸根离子 $[SO_4]^{2-}$ 等以附加阴离子的形式存在。在硅酸盐矿物的化学组成中广泛存在着类质同象替代，除金属阳离子间的替代非常普遍外，经常有 Al^{3+}、有时有铍离子（Be^{2+}）或硼离子（B^{3+}）等替代硅酸根中的硅离子（Si^{4+}），从而分别形成铝硅酸盐、铍硅酸盐和硼硅酸盐矿物。此外，少数情况下还可能有（OH）$^-$替代硅酸根中的 O^{2-}。

◆ **晶体结构**

硅酸盐矿物的晶体结构中，最基本的结构单元是 Si-O 络阴离子。除硅灰石膏结构中 Si^{4+} 具有 6 次配位，Si-O 键长为 1.78 埃，形成 $Si-O_6$ 配位八面体而属于六氧硅酸盐外，其他所有硅酸盐矿物都属于四氧硅酸盐。其 Si^{4+} 具有 4 次配位，平均 Si-O 键长为 1.62 埃，形成 $Si-O_4$ 配位四面体。这样的硅氧四面体结构可以孤立地存在，彼此间由其他金属阳离子来连接。但硅氧四面体间经常还可通过共用角顶上的 O^{2-}（称为桥氧）而相互连接，从而构成四面体群、环、链、层和架等不同连接形式的所谓硅氧骨干，硅氧骨干之间再借助于其他金属阳离子连接。

◆ **主要分类**

由于在矿物中仅有硅灰石膏（或再加上斯石英）属于六氧硅酸盐，因而硅酸盐矿物的分类实际上只限于四氧硅酸盐矿物。通用的分类法是以英国晶体学家 W.L. 布拉格 1930 年提出的晶体化学分类为基础，根据硅氧络阴离子骨干中 [ZO_4] 四面体（Z 主要为 Si^{4+}，还可为类质同象替代 Si^{4+} 的 Al^{3+}、Be^{2+}、B^{3+} 等）的连接形式而划分为岛状、环状、链状、层状和架状结构硅酸盐五类（也有人从岛状结构硅酸盐中再分出一类群状结构硅酸盐）。德国化学家 F. 利鲍在此基础上于 1962 年和 1980 年先后做了进一步的发展。按照硅氧骨干在空间延伸的维数、骨干内 [ZO_4] 四面体周期性重复的周节数、骨干是否有分枝以及分枝的形式进行细分。

岛状结构硅酸盐矿物

具有孤立 $[SiO_4]^{4-}$ 四面体或由有限的若干个 $[SiO_4]^{4-}$ 四面体连接而成（但不构成封闭环状）硅氧骨干的硅酸盐矿物。骨干形式以单个的 $[SiO_4]^{4-}$ 孤立四面体最为常见。其所有 4 个角顶上的氧均为活性氧（有部分电价未饱和的 O^{2-}），由它们再与其他金属阳离子（主要是电价中等和偏高而半径中等和偏小的阳离子，如 Mg^{2+}、Fe^{2+}、Al^{3+}、Ti^{4+}、Zr^{4+} 等）相结合而组成整个晶格。橄榄石、锆石、石榴子石等均属之。其次是由两个 $[SiO_4]^{4-}$ 四面体共用一个角顶而组成的 $[Si_2O_7]^{6-}$ 双四面体，见于异极矿等矿物中。在绿帘石、符山石等矿物中则双四面体与孤立四面体同时并存。此外，矿物中已知的岛状硅氧骨干形式还有三四面体 $[Si_3O_8]^{8-}$ 和五四面体 $[Si_5O_{16}]^{12-}$。有人将岛状结构硅酸盐矿物限于只具孤立四面体的矿物，而将含双四面体、三四面体和五四面体的矿物另划一类，称为群状结构硅酸盐矿物。

岛状硅酸盐矿物的形态和物理性质，因硅氧骨干形式的不同而存在差异。在具孤立四面体的岛状硅酸盐中，由于硅氧四面体本身的等轴性，矿物晶体具有近似等轴状的外形，双折射率小，多色性和吸收性较弱，常具中等到不完全多方向的解理。又由于结构中的原子堆积密度较大，因而具有硬度大、密度大和折射率高等特点。双四面体岛状硅酸盐矿物的情况则不完全相同。晶体外形往往具有一向延长的特征。矿物的硬度、折射率稍偏低，并表现出稍大的异向性。双折射率、多色性和吸收性都有所增强。含水或具有附加阴离子（OH,F）的岛状硅酸盐矿物的硬度、密度、折射率都有所降低。

环状结构硅酸盐矿物

具有由若干个 [ZO_4] 四面体以角顶相连而构成封闭环状硅氧骨干的硅酸盐矿物。其硅氧骨干按组成环的四面体个数而有三元环、四元环、六元环、八元环、九元环和十二元环之分。此外，还有双层的四元环和六元环以及带有分枝的六元环。常见的如绿柱石、堇青石和电气石中的六元环。环与环之间通过活性氧与其他金属阳离子（主要有 Mg^{2+}、Fe^{2+}、Al^{3+}、Mn^{2+}、Ca^{2+}、Na^+、K^+ 等）的成键而相互维系。环的中心为较大的空隙，常为（OH）⁻、水分子或大半径阳离子所占据。

环状结构硅酸盐矿物常呈三方、六方、四方板状或柱状的晶体形态，这是与晶体结构中环本身的对称性有关。另外，环本身虽具有三方、六方或四方的对称，但由于它们与晶体结构中金属阳离子连接的方式不同，对称性常降低，而呈正交（斜方）、单斜或三斜晶系，但外形上仍常呈现出假三方、假六方或假四方对称。环状结构硅酸盐矿物的原子堆积密度以及密度、硬度、折射率一般要比岛状结构硅酸盐矿物的稍低。此外，环本身的非等轴性，导致环状结构硅酸盐矿物的形态和物理性质的异向性，其程度都比岛状结构硅酸盐矿物稍大，但比链状和层状结构硅酸盐矿物要小得多。电气石在垂直于 C 轴方向多色性和吸收性特强，在平行 C 轴方向特弱就是最突出的例子。

链状结构硅酸盐矿物

具有由一系列 [ZO_4] 四面体以角顶相连成一维无限延伸的链状硅氧骨干的硅酸盐矿物。链与链间由金属阳离子（主要有 Ca^{2+}、Na^+、Fe^{2+}、Mg^{2+}、Al^{3+}、Mn^{2+} 等）相连。已发现链的类型有 20 余种，其中最主要

的是辉石单链 $[Si_2O_6]^{4-}$ 和闪石双链 $[Si_4O_{11}]^{6-}$。

闪石双链可看成是由两条辉石单链再共用部分四面体角顶连接而成。在镁川石中则有三链 $[Si_6O_{17}]^{10-}$。其他较重要的单链和双链还有硅灰石单链 $[Si_3O_9]^{6-}$、蔷薇辉石单链 $[Si_5O_{15}]^{10-}$、夕线石双链 $[SiAlO_5]^{2-}$ 等。此外，还有分枝的单链（如星叶石等）及更复杂的链。在闪川石中有闪石双链和镁川石三链两种链并存。

在链状结构硅酸盐矿物中，由于硅氧骨干呈一向延伸的链，而且平行分布，所以其晶体结构的异向性比岛状和环状的要突出得多。矿物在形态上表现为一向伸长，经常呈柱状、针状以及纤维状的外形。在物理性质上，解理平行于链的方向较发育，平行或近于平行链的方向折射率较高，垂直于链的方向较低，双折射率较岛状或环状矿物的大。化学组成中具有过渡元素的矿物的多色性和吸收性是非常明显的，如富含铁、钛等元素的辉石族和闪石族矿物。

层状结构硅酸盐矿物

具有由系列 $[ZO_4]$ 四面体以角顶相连成二维无限延伸的层状硅氧骨干的硅酸盐矿物。硅氧骨干中最常见的是每个四面体均以 3 个角顶与周围 3 个四面体相连而成六角网孔状的单层，其所有活性氧都指向同一侧。它广泛地存在于云母、绿泥石、滑石、叶蜡石、蛇纹石和黏土矿物中，通常称之为四面体片。

四面体片通过活性氧再与其他金属阳离子（主要是 Mg^{2+}、Fe^{2+}、Al^{3+} 等）相结合。这些阳离子都具有八面体配位，各配位八面体均共棱相连而构成二维无限延展的八面体片。四面体片与八面体片相结合，便构成了结构单元层。如果结构单元层只由一片四面体片与一片八面体片组成，是 1 : 1 型结构单元层。如是由活性氧相对的两片四面体片夹一片八面体片构成，则为 2 : 1 型结构单元层，如云母、滑石、蒙脱石中的层。如果结构单元层本身的电价未达平衡，则层间可以有低价的大半径阳离子（如 K^+、Na^+、Ca^{2+} 等）存在，如云母、蒙脱石等。后者的层间同时还有水分子存在。此外，八面体片中与四面体片的一个六元环范围相匹配的是中心呈三角形分布的 3 个八面体。当八面体位置为二价阳离子占据时，此 3 个八面体中都必须有阳离子存在，才能达到电价平衡。若为三价阳离子时，则只需有两个阳离子即可达到平衡，此时另一个八面体位置是空的。据此，还可将结构单元层区分为三八面体型和二八面体型。

活性氧交替地分别指向相反两侧的六角网孔状的四面体片见于坡缕石和海泡石等矿物中，它带有链状结构的某些特征。在葡萄石晶体中则是一种带有架状结构特征的层状硅氧骨干，它是中国地质学家彭志忠于1956 年测定的，此外还有其他多种不同形式的层状硅氧骨干。

在层状结构硅酸盐矿物中，矿物晶体的形态一般都呈二向延展的板状、片状的外形，并具有一组平行于硅氧骨干层方向的完全解理。在晶体光学性质上，绝大多数矿物呈一轴晶或二轴晶负光性，并具正延性。双折射率大。当矿物的化学组成中具有过渡元素离子时，其多色性和吸收性都十分显著。

架状结构硅酸盐矿物

具有由一系列 $[ZO_4]$ 四面体以角顶相连成三维无限伸展的架状硅氧

骨干的硅酸盐矿物。除极个别例外，几乎所有架状硅氧骨干中的每个 $[ZO_4]$ 四面体均以其全部的 4 个角顶与相邻四面体共用而相连接，所有的 O^{2-} 全为桥氧。当 Z 全部为 Si^{4+} 时，硅氧骨干本身电荷已达平衡，不能再与其他阳离子相键合。石英族矿物的晶体结构正好就是如此。因此，从化学组成上石英族矿物（SiO_2）归属于氧化物矿物，但不少人从结构角度把它们归属于架状结构硅酸盐矿物。为了能有剩余的负电荷再与其他金属阳离子相结合，一般的架状硅氧骨干中均有部分 Si^{4+} 被 Al^{3+} 或较少被 Be^{2+}、B^{3+} 等类质同象替代。故绝大多数架状结构硅酸盐矿物都是铝硅酸盐。与骨架相结合的金属阳离子主要是电价低而半径大的 K^+、Na^+、Ca^{2+}、Ba^{2+} 等。架状硅氧骨干中四面体连接的形式多种多样，随矿物而异，但从其中往往可以分割出某些形式的环、链等次一级的构筑单元。例如，方钠石的硅氧骨架可看成由一系列四元环或六元环再连接而成；长石则可视为由一系列四元环首先连成平行 a 轴的曲轴状双链，由后者再连接而成架状硅氧骨干。

由于架状硅氧骨干是一个三维的骨架，它在不同方向上的展布一般不如链状和层状硅氧骨干那样具有明显的异向性，因而架状结构硅酸盐矿物常表现出呈近于等轴状的外形，具多方向的解理、双折射率小的特点。此外，架状硅氧骨干所围成的空隙都较大，与之结合的又主要是大半径的碱和碱土金属离子，因而架状结构硅酸盐矿物还表现出密度小、折射率低的特点，多数呈无色或浅色，多色性和吸收性都不明显。只有少数具有过渡元素的矿物，往往具有特殊的颜色，多色性和吸收性较明显，折射率、双折射率和密度也相对偏大。

◆ **形成原因**

除了陨石和月岩中形成的硅酸盐矿物外，在地壳中无论是内生、表生，还是变质作用的几乎所有成岩、成矿过程中普遍都有硅酸盐矿物的形成。在岩浆作用中，随着结晶分异作用的演化发展，硅酸盐矿物的结晶顺序有自岛状、链状向层状、架状过渡的趋势。岩浆期后的接触交代作用和热液蚀变作用所产生的硅酸盐矿物与原始围岩的成分密切有关。变质作用（主要指区域变质作用）形成的硅酸盐矿物，一方面取决于原岩成分，另一方面取决于变质作用的物理化学条件。硅酸盐矿物及其组合在变质作用中的演变是变质作用的重要标志。表生作用形成的硅酸盐矿物以黏土矿物为主，多属于层状硅酸盐，它们在表生作用条件下是最稳定的。

◆ **用途**

在硅酸盐矿物中，长石是地壳中数量最多、分布最广的矿物之一；橄榄石和辉石则是上地幔中数量最多的矿物。许多硅酸盐矿物充当三大岩类的主要造岩矿物，是提炼稀有和稀土元素的矿物原料、珍贵的宝石矿物、高性能矿物材料的原料等。

锆 石

锆石（zircon）是岛状结构硅酸盐矿物，旧称锆英石、风信子石。英文名称来自阿拉伯语 zarqun，意指其呈金黄色。常有铪类质同象置换锆，二氧化铪最高可达 22% ～ 24%。还常含有微量的钍、铀、铌、钽等和稀土元素。由于成分中存在放射性元素，因而可以发生非晶质化。在此过程中还可发生水化，形成水锆石。化学组成为 $Zr[SiO_4]$，晶体属四方晶系。晶体呈短柱状，通常为四方柱、四方双锥或复四方双锥的聚形。由于形成条件

生长在黑云母片岩中的锆石

不同，晶体形态有所不同。如碱性火成岩中的锆石四方双锥发育呈双锥状；酸性火成岩中的锆石柱面和锥面均发育，呈柱状；中性火成岩中的锆石柱面发育，并有复四方双锥出现，故锆石的晶形可作标型特征。

锆石的颜色多样，有紫红、黄褐、淡黄、淡红、绿、灰、无色等，金刚光泽，莫氏硬度 7.5 ~ 8，密度 4.4 ~ 4.8 克 / 厘米³。主要产出于酸性和碱性火成岩及其伟晶岩中，也常见于热液脉、沉积岩、变质岩及砂矿中。锆石的主要生产国有挪威、澳大利亚、南非、美国、俄罗斯、印度、巴西等。锆石是提取锆、铪，制取二氧化铪及其化合物的重要原料。锆、铪金属是核反应堆的重要材料。锆石熔点高达 3000℃以上，可作航天器高温绝热瓦的材料，也用于汽轮喷砂机、研磨材料及特种焊条及涂料。色泽美丽而透明的锆石可作宝石，世界上重要的宝石级锆石产于斯里兰卡、柬埔寨、泰国、缅甸等。中国宝石级锆石产于华东、华南、华北等地的碱性玄武岩中。

石榴子石

石榴子石（garnet）是岛状结构硅酸盐矿物，英文名称来自拉丁文 granatum，意指其形态和颜色与石榴果的种子类似。化学组成为 $A_3B_2[SiO_4]_3$，晶体属等轴晶系。化学组成中 A 代表二价阳离子，主要为镁、铁、锰和钙等；B 代表三价阳离子，主要为铝、铁、铬、钛等。B 组阳离子间因半径相似而常有类质同象代替；A 组阳离子因 Ca^{2+} 的半径较大，难以被 Mg^{2+}、Fe^{2+}、Mn^{2+} 等所代替。因此，石榴子石按成分特征，通常分为铝系和钙系两个系列。石榴子石晶体形态特征明显，多呈菱形十二面体、四角三八面体或其聚形，集合体呈粒状、致密块状。石榴子石的颜色随成分而异，玻璃光泽，莫氏硬度 6.5～7.5，性脆，密度 3.5～4.3 克 / 厘米 ^{3}，解理不完全或无解理。石榴子石在自然界分布广泛。铁铝榴石是典型的变质矿物，常见于各种泥质片岩和片麻岩中，与蓝晶石、夕线石、白云母、十字石等含铝的矿物共生。镁铝榴石形成于富镁铁质岩石中，常见于角闪岩、金伯利岩、蛇纹岩、橄榄岩、榴辉岩中，与闪石、

钙铁榴石标本

辉石等共生。锰铝榴石产于伟晶岩、花岗岩、锰矿床中。钙铬榴石产于超基性岩中，是寻找铬铁矿的标志性矿物。钙铁榴石和钙铝榴石是夕卡岩的主要矿物，与透辉石、钙铁辉石等共生。由于石榴子石

化学性能稳定，故常见于砂矿中。人们利用石榴子石的硬度和美丽的色彩，将其作为宝石的材料。中国称宝石级的石榴子石为紫牙乌。一般的石榴子石可用作磨料。人造钇铝榴石（$Y_3Al_2[AlO_4]_3$）可作为激光材料。

橄榄石

橄榄石是岛状硅酸盐矿物，化学组成为 $(Mg,Fe)_2[SiO_4]$，斜方（正交）晶系。$Mg_2[SiO_4]$–$Fe_2[SiO_4]$ 为完全类质同象系列，可进一步分为镁橄榄石和铁橄榄石。因其常呈橄榄绿色而得名；其端元矿物镁橄榄石（forsterite）系纪念英国矿物收藏家 A.J. 福雷斯特而得名；铁橄榄石（fayalite）因其首次发现于葡萄牙亚速尔群岛的法亚尔岛而命名。成分中常含 Mn、Al、Ca、Ni 等杂质。晶体呈短柱状、厚板状；常呈粒状集合体。随成分中镁含量的降低或铁含量的增高，颜色将由浅黄绿色变成黄绿色、橄榄绿色（深黄绿色）至绿黑色。玻璃光泽，断口油脂光泽。解理中等至不完全。莫氏硬度 6.5～7。相对密度 3.3～4.4，随含铁量增多而增大。橄榄石是基性和超基性岩、陨石和月岩的主要矿物之一。镁橄榄石还产于镁夕卡岩中。在热液蚀变条件下，橄榄石会转变成蛇纹石。挪威、瑞典、澳大利亚、奥地利、日本、新西兰、津巴布韦、美国等国家都有丰富的橄榄石资源。透明而色泽鲜艳、无瑕疵的橄榄石可作宝石。古埃及人和德国科隆市古教堂，都用橄榄石做装饰品。世界著名优质橄榄石的产地有红海的宰拜尔杰德岛、缅甸的抹谷、挪威的斯纳鲁姆、美国的亚利桑那州和新墨西哥州等。中国东北、内蒙古索伦、湖北宜昌、河北张家口等地均有宝石级橄榄石产出。镁橄榄石还是优质的耐火材料，用作铸造模型及玻璃熔炉、铸造炉、电热储存炉的矿物原料。

钍 石

钍石是岛状结构硅酸盐矿物。英文名与其成分中含大量钍元素有关。钍石的成分变化很大，钍可以被铀、钙、稀土（尤其是铈）等类质同象代替。由于成分中钍和铀等放射性元素的衰变破坏晶体结构，导致晶体的非晶质化，使钍石含水。化学组成为 $Th[SiO_4]$，晶体属四方晶系。晶形似锆石，呈四方双锥状或短柱状，集合体呈粒状、致密块状。黑色、褐色、黄色、橘黄色、橙色，半透明，玻璃光泽，断口油脂光泽、沥青光泽，莫氏硬度 4.5～5，密度 4.4～5.4 克/厘米^3。钍石的硬度、密度、折射率等都随着非晶质化的程度和含水量的增加而降低，具强放射性。钍石主要产于花岗岩、花岗伟晶岩、碱性岩及与碱性岩有关的碳酸岩中，也产于中、低温热液脉和砂矿中。磷钙铁钍石是一种产于中国内蒙古白云母型花岗伟晶岩中的钍石变种，又称集宁石。中国河北、内蒙古白云鄂博、广西钟山县姑婆山分别有含稀土的钍石、铁钍石、含钇的钍石产出。钍石是提取钍的重要矿物原料，成分中的铀和稀土可综合利用。

硅镁石

硅镁石（humite）是岛状结构硅酸盐矿物，化学组成为 $Mg_7[SiO_4]_3(F,OH)_2$，晶体属正交（斜方）晶系。硅镁石的英文名称是为纪念英国矿物收藏家 A. 休姆（Abraham Hume）而取。硅镁石与块硅镁石 $Mg_3[SiO_4](F,OH)_2$、粒硅镁石 $Mg_5[SiO_4]_2(F,OH)_2$ 和斜硅镁石

$Mg_9[SiO_4]_4(F,OH)_2$ 同属硅镁石族矿物，有相类似的化学成分与结构。块硅镁石和硅镁石，属正交晶系；粒硅镁石与斜硅镁石属单斜晶系。同时，它们与镁橄榄石 $Mg_2[SiO_4]$ 一起还组成镁橄榄石－块硅镁石多体系列。硅镁石多呈粒状集合体，晶

硅镁石集合体

体呈桶状，单斜晶系者有聚片双晶。淡黄色、黄褐色、棕色、红色和白色。玻璃光泽，断口松脂光泽。莫氏硬度 6～6.5，密度 3.2～3.3 克 / 厘米³。硅镁石族矿物是镁夕卡岩的特征矿物，广泛分布于白云岩或白云质灰岩与中酸性、侵入体的接触带，与粒硅镁石、斜硅镁石、金云母、镁尖晶石、镁橄榄石、氟叶蛇纹石等共生或伴生，也见于基性岩、超基性岩热液蚀变带。著名产地有意大利的蒙特索马、芬兰的巴拉古斯、瑞典的韦姆兰等。

蓝晶石

蓝晶石（kyanite）是岛状硅酸盐矿物，化学组成为 $Al_2[SiO_4]O$，三斜晶系。英文名来自希腊文"kyanos"，蓝色之意。蓝晶石有时含少量铬、铁、镁、钛等。蓝晶石与红柱石、夕线石属同质多象变体，前二者为岛状，后者为链状。三者结构的紧密堆积程度不同，蓝晶石最紧，夕线石次之，红柱石最松。蓝晶石呈板柱状、长片状，常现双晶；有时呈柱状、放射状、粒状集合体。呈蓝色或带蓝的白色、灰色、绿色等。玻

璃光泽。具完全和中等解理。硬度有明显的异向性，在平行晶体延长方向莫氏硬度为 4.5 ～ 5.0，垂直方向为 6 ～ 7，故又名二硬石。性脆。相对密度 3.53 ～ 3.65。蓝晶石是富铝的岩石经区域变质作用而成，常在结晶片岩和片麻岩中出现。著名产地有美国弗吉尼亚州的威利斯山和巴克山、巴西的米纳斯吉拉斯州、印度比哈尔邦和马哈拉施特拉邦、俄罗斯科拉半岛等。中国河北邢台魏鲁、四川汶川、山西繁峙、江苏沭阳韩山、内蒙古白彦花、新疆契布拉盖等地均有产出。蓝晶石是高级耐火材料、技术陶瓷和硅铝合金的原料。加热蓝晶石到 1100 ～ 1300℃ 时，会转变成莫来石和游离二氧化硅混合物，体积膨胀 16% ～ 18%。常用作耐火砖灼烧收缩补偿剂。蓝晶石耐火砖在各种高温设备和工业窑炉上得到广泛应用。美国北卡罗来纳州有色泽艳丽、透明的深蓝色、绿色宝石级蓝晶石产出。

红柱石

红柱石（andalusite）是岛状结构硅酸盐矿物。英文名来自其首次发现地西班牙名城安达卢西亚。与蓝晶石、夕线石成同质多象。化学组成为 $Al_2[SiO_4]O$，晶体属正交（斜方）晶系。通常呈柱状晶体，横断面接近四方形。晶体中含有碳质包裹体的红柱石，称空晶石。集合体形态多呈放射状或粒状，呈放射状的俗称菊花石，呈粉红色、玫瑰红色、红褐色或灰白色，玻璃光泽，柱面解理中等，莫氏硬度 6.5 ～ 7.5，密度 3.10 ～ 3.20 克 / 厘米³。红柱石常见于泥质岩和侵入体的接触带，是典型的接触热变质矿物。南非和法国是红柱石主要生产国。世界著名红柱

石产地有南非北方省、法国布
列塔尼半岛的格罗梅尔、西班
牙安达卢西亚、奥地利蒂罗尔
州、巴西米纳斯吉拉斯等。中
国北京西山、吉林桦甸老虎东
沟、浙江瑞安、甘肃漳县等地
也盛产红柱石。红柱石加热至
1350 ～ 1450℃转变为莫来石，

空晶石断面

体积膨胀 4%，是优质耐火材料、技术陶瓷、硅铝合金的原料。用红柱
石制成的红柱石耐火砖，主要用作鱼雷式铁水罐车内衬和热风炉钢包内
衬等，广泛用于冶金等工业。淡红色或绿色透明的晶体可作为宝石材料。
空晶石和菊花石常被加工成装饰工艺品。

黄　玉

　　黄玉（topaz）是岛状结构硅酸盐矿物，化学组成为 $Al_2[SiO_4](F,OH)_2$，
晶体属正交（斜方）晶系，又称黄晶。英文名称是从产黄玉的红海托帕
济农（Topazion）岛名变化而来。晶体通常为短柱状，柱面上常有纵纹，
也可呈不规则的粒状或块状。颜色多样，有的无色透明，大多数为浅黄、
酒黄、浅蓝、浅绿、浅玫瑰红、褐色等；受日光长久曝晒颜色可逐渐减
退，适当加热会变成粉红色。玻璃光泽。解理完全。莫氏硬度 8。密度
3.52 ～ 3.57 克 / 厘米 ^{3}。黄玉在高温并有挥发组分的条件下形成，是典
型的气成热液矿物，产于花岗伟晶岩、酸性火山岩的晶洞、云英岩和高

短柱状黄玉

温热液钨锡石英脉中，是钨、锡、锂、铍、铌、钽矿床中常见的矿物。黄玉在工业上作研磨材料及精密仪表的轴承。透明色美的黄玉则是高档宝石原料。其宝石名称托帕石。在自然界，黄玉分布甚广，但达到宝石级的不多。巴西是世界上优质黄玉的产地，1940 年在巴西发现一个黄玉晶体，重 240.25 千克，清澈透明，完美无瑕。俄罗斯乌拉尔和巴基斯坦的卡特朗产因含三价铬离子而呈玫瑰红色的黄玉。世界著名的黄玉产地还有日本、德国、英国苏格兰、美国科罗拉多州和加利福尼亚州等。

榍 石

　　榍石是岛状结构硅酸盐矿物，化学组成为 $CaTi[SiO_4]O$，晶体属单斜晶系。榍石有两个通用的英文名称：sphene 和 titanite，前者针对榍石具有楔形状晶体形态而命名，后者则强调它的组成中含钛。常由稀土、锡、铁、锰等类质同象替代形成钇榍石、红榍石等变种。成分中经常有类质同象混入物而形成变种，如 $(Y,Ge)_2O_3$ 含量达 12% 的称钇榍石，MnO含量达 3% 的称红榍石。榍石多以单晶体出现，晶形呈扁平的楔形（信封状），横断面为菱形，底面特别发育时，呈板状。榍石有蜜黄色、褐色、绿色、黑色、玫瑰色等。金刚光泽。解理中等或不完全。莫氏硬度 5 ～ 5.5。密度 3.45 ～ 3.55 克 / 厘米^3。榍石常以副矿物角色广泛分布于碱性、酸性和中性火成岩中。在伟晶岩中，尤其在碱性伟晶岩中，常有粗大的晶

体产出。也见于结晶片岩、片
麻岩、夕卡岩中，还可见于砂
矿床中。俄罗斯科拉半岛是世
界上著名的楣石产地。其他产
地还有奥地利蒂罗尔、瑞士圣
哥达、美国宾夕法尼亚州等。
中国辽宁、广西等地也有产出。
楣石可作为宝石和提取氧化钛
的矿物原料。

楣石标本

符山石

　　符山石（vesuvianite）是岛状结构硅酸盐矿物。英文名称来源于其
首次发现地意大利维苏威。类质同象置换普遍，化学成分复杂，有铍符
山石、铬符山石、青符山石（含铜）、铁符山石、铈符山石等变种。化
学组成为 $Ca_{10}(Mg,Fe)_2Al_4[SiO_4]_5[Si_2O_7]_2(OH,F)_4$，晶体属四方晶系。晶体
呈四方柱和四方双锥聚形，柱面有纵纹，也常见成柱状、放射状、致密
块状集合体。颜色多样，常呈黄、灰、绿、褐等。铬符山石颜色翠绿，
含钛和锰者颜色呈褐色或粉红，含铜者则呈蓝至蓝绿色，玻璃光泽，莫
氏硬度 6.5～7，密度 3.33～3.43 克／厘米³。符山石主要产于接触交
代的夕卡岩中，常与透辉石、石榴子石、硅灰石等共生。色泽美丽透明
的符山石可作宝石。巴基斯坦产有绿色透明优质符山石；挪威产有蓝色
的青符山石；美国加利福尼亚州产有绿色、黄绿色致密块状的符山石，

符山石标本

其质地细腻如玉，称为加州玉。其他著名产地还有俄罗斯西伯利亚的外贝加尔、意大利的维苏威山和彼德蒙特山、加拿大的劳伦琴山等。中国南岭、长江中下游一带的夕卡岩型有色金属和铁矿床中经常含有符山石，河北邯郸有粗大的符山石晶体产出。

绿柱石

绿柱石（beryl）是环状硅酸盐矿物，化学组成为 $Be_3Al_2[Si_6O_{18}]$，六方晶系。绿柱石常含钠、钾、锂、铷、铯等碱金属。英文名称来自希腊语 beryllos，意思是蓝绿色的宝石。晶体结构以 $[SiO_4]$ 共角顶相连成六方环 $[Si_6O_{18}]$，上下六方环彼此错开25°，以 $[AlO_6]$ 八面体及 $[BeO_4]$ 四面体连接起来形成一系列六方环柱，六方环柱的轴心则为大的孔道，常有大半径碱金属阳离子及水分子存在。绿柱石经常呈六方柱状的晶体产出，柱面上可有纵纹。成分中碱金属含量低的绿柱石，通常呈有明显纵纹的长柱状晶体；含碱金属量高者，呈纵纹不明显的短柱状晶体。无色透明的少见，一般多呈各种色调的浅绿色；成分中富含铯的，呈玫瑰红色，称铯绿柱石；含铬呈鲜艳的翠绿色，称祖母绿；含二价铁（Fe^{2+}）呈淡蓝色，称海蓝宝石；含少量三价铁（Fe^{3+}）者呈黄色，称黄绿宝石；褐黄色的绿柱石，称金绿柱石；有猫眼效应的海蓝宝石和铯绿柱石，又称猫眼绿柱石；在黄褐色或黑色绿柱石里，有星光效应的称星光绿柱石。玻璃光泽。解理不完全。莫氏硬度 7.5 ～ 8，相对密度 2.6 ～ 2.9。绿柱石主要产于花岗伟晶岩中，片岩、云英岩及高温热液脉中也有产出。绿柱石是提炼铍的最主要矿物原料。色泽美丽的绿柱石则是宝石原料，其中尤以祖母绿及海蓝宝石最珍贵。世界著名产地有哥伦比亚的博亚卡省和昆迪纳马

绿柱石标本

卡省的圣菲波哥大、俄罗斯乌拉尔地区、奥地利萨尔茨堡、巴西米拉斯吉拉斯、纳米比亚勒辛。中国新疆、内蒙古、云南、湖北等省（自治区）也有产出。

电气石

电气石是一族环状结构硅酸盐矿物的总称，化学通式组成为 $NaR_3Al_6[Si_6O_{18}][BO_3]_3(OH,F)_4$，晶体属三方晶系。式中 R 代表金属阳离子，当 R 为镁离子、亚铁离子、（锂离子＋铝离子）或二价锰离子时，分别称为镁电气石、黑电气石、锂电气石和钠锰电气石。类质同象替代广泛，除钠可被钙替代外，镁电气石与黑电气石间及黑电气石与锂电气石间都形成完全类质同象系列，镁电气石与锂电气石间为不完全系列。成分中含 $[BO_3]^{3-}$ 也是电气石的一个特征。电气石晶体呈柱状，两端晶形不同，柱面上常出现纵纹，横断面呈弧线三角形。集合体呈棒状、放射状或致密块状。颜色随阳离子成分不同而异，富铁的黑电气石呈黑色，

富锂、锰、铯的呈玫瑰色或深蓝色，富镁的呈褐、黄色，富铬的呈深绿色。此外，电气石常沿柱体或垂直柱体的横断面上形成不同颜色的色带。玻璃光泽。莫氏硬度 7～7.5。密度 3.03～3.25 克／厘米^3，随成分中铁、

柱状电气石晶体

锰含量的增加而增大。电气石成分中富含挥发组分硼及水，成因多与气成作用有关，一般产于花岗伟晶岩、高温热液矿脉、云英岩中，生成锂电气石与黑电气石系列的矿物。而产于变质岩中的电气石，则由交代作用形成，生成镁电气石与黑电气石系列的矿物。透明无瑕的电气石可作宝石，在中国被称为碧玺；由于电气石有压电性，可用于测压仪表的元件。世界著名产地有巴西的米纳斯吉拉斯州、美国的加利福尼亚、法国巴黎曼因地区的芒特米卡、俄罗斯的乌拉尔。中国新疆、内蒙古、辽宁、河南等省区都有产出。

辉 石

辉石（pyroxene）是斜方（正交）或单斜晶系的单链状硅酸盐矿物族的总称，化学通式为 $XY[Z_2O_6]$，式中 X 为大半径的钠、钙等阳离子；Y 代表小半径的锰、铁、镁、铝等阳离子；Z 主要是硅和少量铝、铁等。因法国结晶学和矿物学家 R.-J. 阿维首次用 pyroxene 称呼在熔岩中发现的一种绿色晶体（辉石）而得名。在辉石晶体结构中，每一个硅氧四面

体 [SiO$_4$] 均以两个角顶与相邻的硅氧四面体连接，形成沿一个方向无限延伸的单链 [Si$_2$O$_6$]；链与链之间靠金属阳离子连接。

国际矿物学会 1987 年公布的《辉石命名法》，将辉石族矿物划分为 20 个矿物种，分属于斜方辉石和单斜辉石两个亚族。按成分又可分为 4 个化学组：钙 - 镁 - 铁辉石组、钠 - 钙辉石组、钠辉石组和其他辉石组。它们之间存在着广泛的类质同象替代现象。但任一辉石中，X 阳离子的半径总是大于或等于 Y 阳离子半径。

辉石晶体呈短柱状、柱状，横截面为假正方形或八边形。集合体呈粒状、柱状或放射状等。辉石有多种颜色，从白色、灰色、浅绿色到绿黑、褐黑以至黑色，随含铁量的增高而变深；富镁的顽火辉石和古铜辉石无色或古铜色。辉石均呈玻璃光泽。莫氏硬度 5 ～ 7，其中硬玉和锂辉石硬度最高，钙 - 镁 - 铁辉石组的成员硬度稍低。辉石的相对密度也随成分而异，从锂辉石的 3.16 至铁辉石的 4.0 左右，主要随铁含量的增高而增大；但常见辉石的相对密度都介于 3.2 ～ 3.6。辉石都具有平行柱面的中等解理，解理面夹角 87°。

辉石是镁铁质火成岩（基性岩、超基性岩）、高级变质岩（麻粒岩、榴辉岩）中的重要造岩矿物。其中

透辉石标本

普通辉石常见于火成岩、变质岩和月岩中。铁辉石在自然界很少见，但顽火辉石则是超基性、基性火成岩中很常见的矿物。较富铁的顽火辉石（原称紫苏辉石）产于深变质岩中，富镁的顽火辉石常见于陨石中。透辉石和钙铁辉石是典型的夕卡岩矿物，透辉石在一些基性、超基性火成岩和高级区域变质岩中也有产出。霓石和霓辉石主要产于碱性火成岩中，在岩石学中常称为碱性辉石。锂辉石只见于富锂的花岗伟晶岩中，晶体往往很大。美国南达科他州基斯通伟晶岩中的一个锂辉石晶体，大小约为 12 米 ×1.2 米 ×0.6 米，重将近 30 吨。中国新疆阿尔泰产出的一个锂辉石巨晶，重达 36.2 吨。此外，美国加利福尼亚、北卡罗来纳等州和巴西、马达加斯加等地也有著名的锂辉石产地。硬玉只见于变质岩中，缅甸的密支那流域和中国西藏、云南等地是硬玉的著名产地。

锂辉石是提炼锂及其化合物的主要矿物，也是高级耐火材料的原材料。透明而呈淡紫色或祖母绿色的锂辉石分别称为紫锂辉石和翠铬锂辉石，可作为宝石。硬玉是最名贵的玉石，即翡翠的主要矿物成分。

硅灰石

硅灰石（wollastonite）是单链结构硅酸盐矿物，化学成分为 $CaSiO_3$，晶体属三斜晶系。英文名称是以英国化学家 W.H. 沃拉斯顿（William Hyde Wollaston）的姓氏命名的。$CaSiO_3$ 有高温相和低温相两种变体：三斜晶系的硅灰石和单斜晶系的副硅灰石属低温变体，三斜晶系的环硅灰石（假硅灰石）属高温变体。在自然界，硅灰石最常见，副硅灰石与假硅灰石少见。硅灰石向假硅灰石转变的温度为

1120℃ ±20℃。晶体为
板状，并常呈柱状、针状、
纤维状集合体。白色或带
浅灰、浅红色调。玻璃光
泽或珍珠光泽。解理完全。
莫氏硬度 4.5 ～ 5.5。密
度 2.75 ～ 2.91 克 / 厘米³。

硅灰石纤维状集合体

熔点 1540℃。绝缘性能好，有良好的化学稳定性，耐酸、耐碱、耐化
学腐蚀，但在浓盐酸中可分解形成絮状物。为典型的变质作用产物，通
常产于接触变质带，亦见于区域变质的碳酸盐建造中。硅灰石是新兴的、
为多领域应用的工业矿物，作为非金属矿物材料始于 20 世纪 30 年代。
60 年代以后得到大量应用，需求量逐年增加。其中主要是作为陶瓷原
料；其次是用以制造涂料和颜料，在塑料和橡胶工业中用作填料，用以
制水泥和轻质、抗压、隔热、绝缘建筑材料；在土壤改良、农肥、环保
和造纸工业中也有广泛的应用前景。

角闪石

　　角闪石（amphibole）是斜方和单斜晶系双链硅酸盐矿物族。其英
文名称来自希腊文 amphibolos，为"多解的"或"含混不清"的意思，
用以表明它的成分和形貌的复杂与多变性。化学通式为 $A_{0\sim1}X_2Y_5[T_8O_{22}]$
$(OH,F,Cl)_2$。式中 A 为 Na^+、K^+、Ca^{2+}、H_3O^+；X 为 Na^+、Li^+、K^+、
Ca^{2+}、Mg^{2+}、Fe^{2+}、Mn^{2+}；Y 为 Mg^{2+}、Fe^{2+}、Mn^{2+}、Al^{3+}、Fe^{3+}、Ti^{4+}、

Cr^{3+}；T 为 Si^{4+}、Al^{3+}、Ti^{4+}，其中以 Si 为主，Al 可代 Si 但 Al/Si 一般 $\leqslant 1/3$，Ti 少见。$(OH)^-$ 可为 F^-、Cl^-、O^{2-} 代替。此族矿物中离子的类质同象代换十分普遍和复杂，并可形成许多类质同象系列，已确定的矿物种和变种超过百种。对此，1997 年国际矿物学会（IMA）提出了首先依据化学式中 X 组中的 $(Na+Ca)_x$ 与 Na_x 的原子数将角闪石分为四个组的分类命名方案。①镁铁锰闪石 $(Ca+Na)_x < 1.34$；②钙闪石 $(Ca+Na)_x \geqslant 1.34$，$Na_x < 0.6$，通常 $Ca_x > 1.34$；③钠钙闪石 $(Ca+Na)_x \geqslant 1.34$，$0.67 < Na_x < 1.34$，$0.67 < Ca_x < 1.34$；④碱性闪石 $(Ca+Na)_x \geqslant 1.34$。

角闪石族矿物的晶体中，硅氧四面体 $[SiO_4]$ 以角顶相联结成双链。由于双链是沿着一个方向延伸，所以晶体呈长柱状或纤维状。呈纤维状的角闪石矿物变种，统称角闪石石棉，有直闪石石棉、透闪石 - 阳起石石棉、钠闪石石棉等。矿物颜色决定于阳离子成分，当以钙、镁为主时，呈灰白色；随含铁量的增多，矿物呈浅绿色、绿色，直至绿黑色；含钠量较高的钠角闪石组矿物，多呈蓝灰色、灰蓝色、深蓝色至蓝黑色，少数呈灰色。玻璃光泽。有平行于柱面的两组完全解理，解理面夹角近于 124° 和 56°。莫氏硬度 5.5～6，相对密度 2.85～3.60。

角闪石是火成岩和变质岩的主要造岩矿物。在火成岩中，常见的是钙角闪石组矿物，如普通角闪石（hornblende）、透闪石、阳起石、镁钙闪石、浅闪石和韭闪石等。不含钙的镁铁闪石很罕见。在区域变质岩中，不同组成的角闪石常常一起与斜长石、石英、黑云母、绿泥石和不透明的氧化物共生；在夕卡岩中，透闪石、铁阳起石常与硅灰石、钙铝石榴子石等含钙矿物共生。富含钠的角闪石，主要产于酸性岩、碱性岩、碱性伟晶岩、钠质粗面岩、钠质岩石形成的变质岩中。碱性火成岩或受钠质交代的岩石中，常见钠铁闪石与霓石共生。

蛇纹石

蛇纹石（serpentine）是富镁的含水硅酸盐矿物的总称，化学组成为 $Mg_6[Si_4O_{10}](OH)_8$，晶体属单斜或正交晶系。指蛇纹石族矿物。英文名称来自拉丁语 serpens（=snake），意指有些蛇纹岩（以蛇纹石族矿物为主要成分）的表面图案类似蛇的表皮。蛇纹石族矿物主要包括叶蛇纹石（单斜晶系）、利蛇纹石（单斜晶系）和纤蛇纹石（单斜或正交晶系）等。该族矿物因常发生铁、铝、锰、镍等替代镁，氟替代羟基，而形成锰叶蛇纹石、氟叶蛇纹石等多个变种。蛇纹石晶体结构单元层由硅氧四面体片和水镁石八面体片构成，由于两种多面体片的晶格尺寸不同，蛇纹石的结构层常发生弯曲或卷曲，使晶体呈波状弯曲的叶片状（叶蛇纹石、利蛇纹石）或卷成纤维状（纤蛇纹石）；铝、铁等的类质同象替代会减弱结构层弯曲程度，使晶体呈片状或板状。纤维状蛇纹石称为蛇纹石石棉或温石棉。凝胶状蛇纹石是胶体成因的纤蛇纹石或利蛇纹石，或是两者的混合物，称胶蛇纹石。蛇纹石一般呈浅绿、黄绿、黑绿等色，色调变化较大；蛇纹岩的颜色随杂质不同有较大的变化，通常具有青绿相间的蛇皮状斑纹、含褐铁矿者呈褐红色。块状蛇纹石呈油脂光泽或蜡状光泽，纤维状蛇纹石呈丝绢光泽。莫氏硬度 2.5 ～ 3.5。密度 2.5 克 / 厘米 ^{3}。除纤蛇纹石外，都具有完全的底面解理。蛇纹石常由富镁岩石（超

块状蛇纹石

基性岩或镁质碳酸岩）中的富镁矿物经热液交代变质而形成。蛇纹岩是有广泛用途的重要矿产，可用作建筑装饰石材、复合钙镁磷肥原料，含氧化硅低者可用作耐火材料；其块体色泽艳丽、质地致密、可雕性佳，可作为装饰工艺品和玉石的原料；在美国宾夕法尼亚产出无色透明的纤维状蛇纹石，可作为宝石石材；纤维状蛇纹石（温石棉）可制成各种石棉制品。蛇纹石在世界上分布广泛，中国蛇纹石（岩）矿产资源丰富，多个省和地区均有大、中型矿床分布，产地在西北地区较为集中。

石　棉

石棉（asbestos）是天然纤维状的或能劈分成纤维状的硅酸盐矿物的总称。石棉一词在希腊文中是"不会燃烧"的意思。根据矿物化学成分、晶体结构可将石棉划分为纤蛇纹石石棉、闪石石棉、水镁石石棉、坡缕石石棉、海泡石石棉、叶蜡石石棉等。其中产量和用量最大、分布最广的属纤蛇纹石石棉（又称温石棉），其次是闪石石棉（有直闪石石棉、透闪石－阳起石石棉、蓝石棉等）。区分这两类石棉的简便方法是把石棉放在研钵中研磨，纤蛇纹石石棉呈毡团状，纤维混乱交织、不易分开；而闪石石棉研磨后易分散成许多细小的纤维。上述矿物可形成独立矿床，有时也共存于同一矿床中，如水镁石－纤蛇纹石石棉矿床、坡缕石－海泡石石棉矿床。纤蛇纹石石棉含铁量一般很低或不含铁，呈白、浅黄、浅至深黄绿色，莫氏硬度 2.0 ～ 3.5，密度 2.4 ～ 2.6 克/厘米³。闪石石棉含铁量较高，呈不同程度的灰色至褐色，含钠的闪石石棉则呈不同色调的蓝色；莫氏硬度 4.0 ～ 6.0，密度 2.83 ～ 3.30 克/厘米³。未经劈分的纤维状石棉集合体呈丝绢光泽，劈分后的纤维光泽变暗。石棉除具有可劈分性和柔韧性外，还具有耐酸、耐碱、耐高温和绝缘性好等性能。从总体上看，纤蛇纹石石棉的可劈分性、柔韧性、抗拉强度、电绝缘性和耐高温性能都高于闪石石棉；而在耐酸、耐碱和防腐蚀性能方面，闪石石棉则优于纤蛇纹石石棉。工业上，根据纤维的长度，将纤蛇纹石石棉分成 7 种品级使用。纤维长并具有良好的挠性者用作各种纺织材料、石棉纸、密封制品、刹车片等；稍长的纤维用于石棉水泥制品、电气控制盘、绝缘板、石棉塑料制品等；短纤维或等外级石棉大量用于建筑行业，作为装饰板材、砖瓦、焊条、油灰腻子、油漆材料等。用闪石石棉制造的高压水泥管不仅能替代昂贵的钢管，还能有效运送强腐蚀性液体和毒气。蓝石棉还具有良好的吸附和过滤放射性物质的性能，对气溶胶过滤效率高达 99.9%，是防毒面具的重要材料；蓝石棉的增强塑料制品被广泛用于现代交通工具的传动部件、导弹和空间飞行器的发动机及排气锥体的内衬材料，火箭锥体头部、点火器和喷嘴材料等领域。自

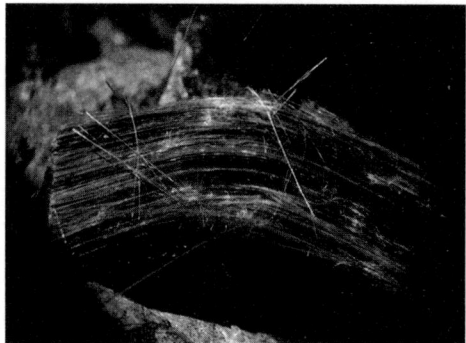

纤维状石棉集合体

发现长期呼吸带有石棉尘的气体会诱发癌症以来，中国等许多国家禁止在建筑、装饰等民用领域使用石棉制品以控制空气中石棉尘的浓度。

纤蛇纹石石棉主要形成于侵入体与富镁岩石（白云岩或白云质灰岩）的接触带、变质超基性岩的网状裂隙中。闪石石棉多在动力变质条件下，由含钠、镁质热液交代含铁硅质岩而成。垂直裂隙方向延长的石棉纤维称为横纤维，纤维长度一般小于 30 厘米，纤蛇纹石石棉多以这种形式产出；平行裂隙方向延长的石棉纤维称为纵纤维，其长度可达 1 米以上，蓝石棉多为纵纤维，其他石棉二者皆有。世界著名石棉产地有加拿大魁北克、俄罗斯中乌拉尔、南非北开普省和姆普马兰加省、澳大利亚哈默斯利山、美国佛蒙特州和亚利桑那州等。中国石棉资源丰富，探明储量居世界第 2 位，是世界四大石棉生产国之一。主要产地有四川石棉、河北涞源、云南德钦和墨江、青海茫崖、内蒙古察哈尔右翼中旗和白云鄂博等。

高岭石

高岭石（kaolinite）是 1：1 型层状硅酸盐矿物，化学组成为 $Al_2[Si_2O_5](OH)_4$，晶体属三斜晶系。以高岭石为主要矿物成分的岩石（矿石）称高岭土，名称源于其发现地——中国江西景德镇附近的高岭村。古籍中的"玉岭土""明砂土""东埠土"等均为景德镇高岭村一带的高岭土。1869 年，德国人 F.von 李希霍芬著文将景德镇的高岭土译成"kaoling"，随后以"kaolin"广用于世。高岭石英文名是由 kaolin 演变而来。其结构单元层是由一个硅氧四面体层与一个铝氧八面体层连接形成，高岭石单元层按堆垛重复数的不同，分别形成高岭石（一层重复）、迪开石（两层重复）和珍珠陶土（六层重复）三种多型。结晶度良好的高岭石，在电子显微镜下呈假六方片状晶体；结晶度差的，晶粒边缘呈弧状或不规则状。通常呈致密块状或土状集合体产出，其成分中常含少量钙、镁、钾、钠、铁、钛等杂质元素。纯者色白，含杂质时染成黄、绿、蓝、褐等颜色。底面解理完全。块状者呈土状光泽。莫氏硬度 $2.0 \sim 2.5$。密度 $2.60 \sim 2.63$ 克 / 厘米^3。高岭石是分布广泛的矿物之一，由富铝的岩浆岩或变质岩里的长石、云母、辉石、角闪石等矿物，在酸性的条件下，经风化作用、热液蚀变作用形成；风化形成的高岭石经流水搬运，沉积于海洋或湖沼里。由高岭石组成的黏土岩多呈白色、粒度细小，具良好的分散性、可塑性、绝缘性、强吸附性和烧结性，以及耐火度高、化学性能稳定等工艺性，是陶

高岭石致密块状集合体

瓷、水泥、耐火材料工业的主要矿物原料。广泛用作纸张、油漆、塑料和橡胶的填料，用于合成催化剂和分子筛，作为化肥和农药的载体等。世界上高岭石矿床分布非常广泛，产地包括美国、加拿大、法国和墨西哥等地。中国高岭石的著名产地有江西景德镇、广东茂名、山西大同、江苏苏州、河北唐山、湖南衡山等。

埃洛石

埃洛石（halloysite）是含水的层状硅酸盐矿物，典型化学式为
$Al_4[Si_4O_{10}](OH)_8 \cdot 4H_2O$，晶体属单斜晶系，又称多水高岭石。英文名由
P. 贝蒂埃于 1826 年提出，为纪念该矿的首次发现者比利时地质学家 O. 德
哈洛伊男爵奥马利乌斯而取自其姓氏。晶体结构与高岭石类似，结构单
元层属 1 ∶ 1 型，为二八面体结构。与高岭石的区别在于，埃洛石的结
构单元层之间存在层间水。根据该层间水是否脱失，将埃洛石分为 10
埃埃洛石和 7 埃埃洛石。由于结构中杂质元素的存在，产生一些变种，
如铁埃洛石、铜埃洛石、镍埃洛石、铬埃洛石等。集合体呈土状、粉
末状或呈瓷状、蛋白石状致密块体，有时呈钟乳状，干燥后呈尖棱状碎
块。通常为白色，可因杂质赋存而呈多种颜色。土状光泽或蜡状光泽。
莫氏硬度 1 ～ 2.5。密度 2.0 ～ 2.6 克 / 厘米 ^{3}，随失水量的增多而增大。
吸水性强、膨胀性差，黏舌。有滑感。离子交换能力介于蒙脱石与高岭
石之间。具有独特的微观结构，在电子显微镜下可见其晶体呈纳米级
的空心管状形态，管状
埃洛石的管内径通常约
10 ～ 100 纳米，外径约
30 ～ 190 纳米，管长通
常为数百纳米，少数样
品可达几微米甚至更高。
比表面积较高，通常为
数十平方米 / 克。有些产

电子显微镜下埃洛石的晶体形状

地矿样亦具有纳米级球状颗粒。

埃洛石的传统用途与高岭石相似，是优质陶瓷的原料，在化学工业上可以用作合成分子筛的原料和催化剂载体，在塑料、橡胶和油漆工业中用作填料等。随着对其独特的纳米管状结构及相关衍生性质认识程度的加深，许多新用途被不断开发出来：包括用作负载药物等活性分子用于缓释控释领域的医药载体，用作纳米填料应用于无机 - 有机纳米复合材料，进行表面有机改性后用作纳米功能材料，以及用于吸附材料、纳米反应器等。

埃洛石是典型的表生矿物之一，主要产于岩石风化壳、硫化矿床氧化带里，与高岭石、三水铝石、一水硬铝石、水铝英石、钠明矾石等矿物伴生。在世界各地分布广泛。世界上著名的埃洛石矿区包括美国犹他、新西兰玛陶里湾、波兰下西里西亚、土耳其巴勒凯西尔等。中国四川叙永以盛产埃洛石而闻名，其他产地包括贵州大方、山西阳泉、江苏苏州、湖南辰溪等。

滑 石

滑石（talc）是层状硅酸盐矿物，化学组成为 $Mg_3[Si_4O_{10}](OH)_2$，晶体属三斜晶系。"Talc"一词最早源自波斯语，曾用于代表滑石、云母和透石膏等多种矿物。化学成分比较稳定，仅有少量铁、锰、铝替代镁。假六方片状单晶少见，常呈致密块状、叶片状、纤维状或放射状集合体。白色、灰白色或带浅黄、淡红、淡绿等色调的白色，也常被杂质染成各种颜色。玻璃光泽或蜡状光泽。底面解理完全，解理面上呈珍珠光泽。

具很强的滑腻感。莫氏硬度 1。密度 2.58 ～ 2.83 克 / 厘米 ^{3}。耐酸碱性和化学稳定性好，具优良的电绝缘性、耐热性、分散性和易加工性。被广泛应用于工农业各部门，用作制造特种陶瓷和耐火材料的原料；在造纸、塑料、橡胶、油漆、纺织、医药、农药、食品、化妆品等工业中用作填料、漂白剂、绝缘剂、载体、增强剂和润滑剂等。质软、滑腻、光泽柔和的块滑石用作雕琢工艺品的材料。滑石还是传统的中药材，有利尿通淋、清热解暑、祛湿敛疮的功效。滑石属典型的热液蚀变矿物，通常是富镁岩石经热液蚀变而形成。蛇纹石化橄榄岩在晚期热水溶液及二氧化碳的作用下，也可形成滑石。所以滑石常呈橄榄石、顽火辉石、角闪石、透闪石、白云石等矿物的假象。中国滑石资源丰富，探明储量居世界前列。著名产地有辽宁海城、本溪，山东海阳、平度、莱州，四川

滑石块状集合体

冕宁，广西环江、桂林，新疆库米什等。世界滑石生产大国和著名产地还有日本的群马县和高知县，美国的蒙大拿州、加利福尼亚州和佛蒙特州，俄罗斯乌拉尔和东萨彦岭，韩国，印度等。

云　母

云母（mica）是层状结构硅酸盐矿物，典型化学组成为

$X\{Y_{2\sim3}[Z_4O_{10}](OH,F)_2\}$，晶体属单斜晶系。英文名称来自拉丁语 micare，是"发亮"的意思。中国古代称云母为"天皮""地金"，内蒙古云母产地天皮山以此得名。化学式中，X 代表 2：1 型结构单元层的层间阳离子，主要是钾离子，其次是钠、钙等离子。Y 代表结构单元层内八面体片中的阳离子，主要是铝、镁、铁或锂离子，其次为锰、铬、钛等离子。按 Y 阳离子是三价还是二价，划分出二八面体型和三八面体型云母；二八面体型云母阳离子数为 3，三八面体型云母阳离子数为 2；二者之间存在过渡型的云母，但数量不多。Z 代表硅氧四面体中的阳离子，基本是硅和铝，硅铝比值为 3：1 左右。常有氟替代羟基。随结构单元层堆垛方式的变化，可形成各种云母多型，最常见的是单斜晶系的 1M 和 2M$_1$ 多型，其次为三方晶系的 3T 多型，正交（斜方）和六方晶系的多型少见。

黑云母

云母族矿物中，最常见的矿物种有白云母、黑云母、金云母、羟铁云母、锂云母（又称鳞云母）、铁锂云母、珍珠云母等。由于广泛的类质同象置换，形成诸多成分变种，如铬白云母、多硅白云母、水白云母、铝金云母、铝黑云母、铁黑云母等。

云母通常呈假六方片状、板状、柱状。晶体尺寸变化很大，从微米级隐晶质至数米级巨晶。加拿大安大略省曾产出板面尺寸为 10.06 米 ×4.27

米的云母巨晶，重量超过300千克。一些白色云母（通常是白云母或钠云母）则呈微细片状或隐晶块状，又称绢云母（sericite）。云母的颜色随铁含量增多而变深。白云母呈浅色或无色透明；金云母含铁量低，多呈黄色、浅棕、浅绿色，无色的少；黑云母和羟铁云母含铁量较高，为红棕、深褐、暗绿、黑色；锂云母常呈淡紫色、玫瑰红色；含铁量高的铁锂云母则呈灰褐至深褐色。玻璃光泽，解理面上呈珍珠光泽，绢云母呈丝绢光泽。莫氏硬度2～3。密度2.7～3.5克/厘米^3。底面解理极完全，解理片具有弹性；用尖针冲击或用钝针施压于云母解理薄片均会出现三组相交呈六射形的裂纹，分别称为打像和压像；但二者裂开方向不同，打像中最长的裂纹平行a轴，而压像裂纹则与打像裂纹垂直。

云母是重要的工业矿物，其工业价值取决于云母片的可利用面积和厚度、劈分性、颜色、透明度、弹性、电绝缘性等。白云母和金云母含铁量低，易劈分，弹性、电绝缘性、隔热性能、化学稳定性和抗压性能都很好，被广泛用于电子、电机和电气工业、航空及国防等尖端工业。大片云母一般用于制造电动机、高压电气机、发电机、电子计算机、电视机、电子显微镜、电子示波器、雷达线路中无线电的元件，导弹和人造卫星上用的大容量电容器和电子管材料等。云母碎片和粉末用作填料、塑料增强剂、铸铝复合材料、云母纸、云母陶瓷、涂料、硅油和珍珠颜料等。锂云母、铁锂云母还是提取锂的主要矿物原料。

云母族矿物分布广，能在多种地质条件下形成，是火成岩、沉积岩和变质岩的主要造岩矿物之一。许多有工业价值的云母来源于伟晶岩和变质岩。其中，片状白云母、黑云母、锂云母、铁锂云母的工业矿床主要产于花岗伟晶岩中，片状金云母主要产于镁质碳酸盐夕卡岩和超基性 - 碱性杂岩体中。细粒绢云母一般与热液蚀变作用有关。变质形成的云母种类与原岩成分及变质程度有关，富镁碳酸盐岩石变质易成金云母，富铝岩石变质易成白云母和黑云母。印度、美国、俄罗斯、法国、巴西等是世界云母生产大国，著名产地有印度的比哈尔邦、安得拉邦和拉贾斯坦邦，俄罗斯的伊尔库茨克州和卡累利阿 - 科拉半岛地区，巴西的米纳斯吉拉斯州，美国的北卡罗来纳州等。中国云母资源丰富、分布广泛，著名产地有内蒙古察哈尔右翼前旗的土贵乌拉、四川丹巴、新疆阿尔泰阿尤布拉克等。

蒙脱石

蒙脱石（montmorillonite）是含水层状硅酸盐矿物，化学式为 $(Na,Ca)_{0.33}(Al,Mg)_2[Si_4O_{10}](OH)_2 \cdot nH_2O$，晶体属单斜晶系。首先发现于法国利摩日附近的 Montmorillon，并因此得名。蒙脱石的层状结构单元属 2 ∶ 1 型，即两层四面体夹一层八面体；相邻结构单元层之间，存在具有可交换性的水合阳离子（钠、钙）等。蒙脱石颗粒细小，在电子显微镜下晶粒大小为 0.2 ～ 1 微米；一般呈不规则鳞片状、球粒状。常呈块状或土状集合体产出。颜色为白色、浅灰白色、浅绿或淡红色。土状光泽或暗淡光泽。莫氏硬度 2 ～ 2.5。质地柔软、有滑感。密度 2 ～ 2.7 克 / 厘米 ^{3}。遇水体积膨胀并呈糊状。在 100 ～ 200℃ 条件下，层间水分子逸出而并不破坏单元层的结构，可重新吸附水分子或其他阳离子（包括有机阳离子）进入层间。蒙脱石这种晶体结构与晶体化学性质，使它具有很强的吸附性、阳离子交换性、膨胀性、分散性、润滑性、可塑性、黏结性等。蒙脱石是组成膨润土的主要矿物成分，根据层间阳离子的类型及其含量，将膨润土划分为钠基和钙基膨润土两种。蒙脱石是用途非常广泛的非金属矿物，主要用作石油钻探的优质泥浆，铸型砂和铁矿球团的黏合剂，化工业的油脂脱色剂、裂化剂、催化剂、润滑剂、干燥剂；还用作造纸、橡胶、塑料、化妆品的填充剂，矿物饲料、化肥的添加剂，土壤的改良剂，污染净化剂等。同时也是传统中药，有止泻的作用。蒙脱石主要形成于海相或陆相沉积环境，是各种铝硅酸盐矿物的风化产物，在碱性条件下经热液蚀变或沉积变质作用也可形成蒙脱石。常见于现代土壤和海洋沉积物中。世界蒙脱石资源丰富，美国、格鲁吉亚、土库曼斯坦是生产大国。著名产地

蒙脱石块状集合体

有美国的怀俄明、明尼苏达，格鲁吉亚的阿斯坎，土库曼斯坦的奥格兰雷，意大利的撒丁岛，希腊的米洛斯岛等。中国主要产地有河北宣化，内蒙古赤峰、兴和，江苏句容，浙江临安、安吉，安徽屯溪、嘉山，湖南澧县，新疆托克逊，辽宁黑山，吉林九台等地。

皂 石

皂石（saponite）是含水层状硅酸盐矿物，化学组成为 $(Na,Ca)_x(Mg,Fe)_3[Al_xSi_{3-x}O_{10}](OH)_2 \cdot 4H_2O$，晶体为单斜晶系。名称来自拉丁文

sapo（即"肥皂"），因其集合体外形似肥皂而得名。属蒙皂石族。皂石成分中含二价的镁、铁、锌，以此区别于含三价铝的蒙脱石。富镁、铁、锌的皂石变种，分别称为镁皂石、富铁皂石和锌皂石。结构单元层间充填了水分子和可交换性的阳离子，并能吸附有机分子。白色或浅黄色、浅灰绿色、浅红色、浅蓝色。油脂光泽。柔软可塑、可切割、有滑感，干燥时性脆。一组完全解理。莫氏硬度1。密度2.24～2.30克/厘米³。

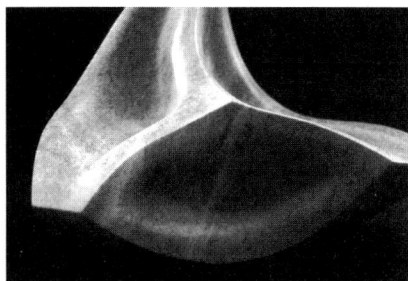

皂石雕塑

由超基性岩、基性岩风化或蚀变而成，产于蛇纹岩中，也见于玄武岩或辉绿岩的孔穴内。皂石可用作增稠剂、悬浮剂、乳胶稳定剂、吸附剂、润滑剂、填充剂等，广泛用于石油、纺织、橡胶、塑料、造纸、制药、肥皂、化妆品、精细化工等部门，在钻探中也用作泥浆的原料等。世界上的皂石产地有美国加利福尼亚、瑞典达拉纳、英国康沃尔等，中国的产地有新疆托克逊、河南内乡和湖北京山等。

蛭 石

蛭石（vermiculite）是层状硅酸盐矿物，典型化学组成为 $Mg_x\{Mg_{3-x}[AlSi_3O_{10}](OH)_2\}\cdot 4H_2O$，晶体属单斜晶系。首次发现于美国马萨诸塞州。英文名称来自拉丁文 vermiculare，意为"产生蠕虫"，指其加热时能迅速膨胀、弯曲并形成水蛭（蚂蟥）状，故称为蛭石。结构单元层呈2∶1型结构。蛭石化学成分变化大，八面体层内的镁可被铁、铝、铬、镍、锂替代；结构单元层间的阳离子，除镁之外，可有钙、钾、钠、铷、铯等阳离子。它的阳离子交换容量和形成有机络合物的能力与蒙皂石相似，但层电荷密度高于蒙皂石。呈片状、土状或粉末状。一般呈褐色、褐黄色、暗绿色和黑色等。油脂光泽、珍珠光泽或土状光泽。底面解理完全，解理薄片无弹性或微具弹性。莫氏硬度 1.0 ～ 1.5。密度 2.1 ～ 2.7 克 / 厘米 ^{3}。蛭石除加热能沿 c 轴膨胀 15 ～ 40 倍外，在过氧化氢、弱酸及其他电解质中浸泡也会膨胀。加热后的膨胀蛭石呈银灰色，结构层间充满空气，使其密度降到 0.6 ～ 0.9 克 / 厘米 ^{3}，具有很强的隔热、吸音、耐冻、抗菌、防火、绝缘等性能。用作充填隔离层的绝缘材料、灰浆和混凝土的轻质骨料。用于制造具有保温隔热、隔音、防火、节能功用的各种蛭石质板料和砖块。用作机械润滑剂，油脂吸附剂，处理核裂变废水的阳离子交换剂，橡胶、塑料、涂料的填充料。在农业领域用作土壤调节剂、肥料和农药载体。蛭石通常由云母经低温热液蚀变或风化而成。世界上一些重要的蛭石产地，多数与超基性岩、基性岩有关。美国和南非是世界蛭石生产大国，其次是日本、巴西、阿根廷、印度等。著名产地有美国蒙大拿州和南卡罗来纳州、南非的帕拉博腊、俄罗斯乌拉尔等。中国内蒙古固阳县和乌拉特前旗、山西河北村、河南唐河、新疆尉犁、四川南江等地均有产出。

片状蛭石

海泡石

海泡石（sepiolite）是层链状硅酸盐矿物，化学组成为 $Mg_4[Si_6O_{15}]$ $(OH)_2 \cdot 6H_2O$，晶体属正交（斜方）晶系。由德国地质学家 A.G. 维尔纳于 1788 年发现并命名为"Meerschaum"，德文意为"海的泡沫"。"Sepiolite"这一名称由德国矿物学家 E.F. 格洛克于 1847 年提出，该命名来自希腊文"sepion"，意为乌贼骨和石头，以表明这种白色、轻质、能浮于水面的纤维状黏土矿物与乌贼鱼的多孔骨骼相似。乌贼鱼骨在中药里被称作"海螵蛸"，故也有人把"sepiolite"译为"蛸螵石"。通常呈白色、浅灰、浅黄色，有时呈红、蓝、绿等颜色。富铁的海泡石呈褐色。呈弱丝绢光泽或土状光泽，有时呈蜡状或珍珠光泽。有油脂感、黏舌、性脆。莫氏硬度 2 ～ 3，潮湿则软，干燥则硬。密度 1.9 ～ 2.1 克 / 厘米³。海泡石的物理化学和工艺性能与坡缕石相似，其比表面积很大、可塑性好、膨胀率和收缩率低，并具有良好的吸附性、热稳定性、阳离子交换性、抗盐性、催化性、抗腐蚀性、抗辐射等性能，因而被广泛应用。最早用于生产陶器和制作烟嘴，中国江西景德镇陶瓷业使用海泡石黏土有悠久历史。海泡石主要用作各类钻井的特种泥浆原料，它具有在高温条件下不胶凝的特性；用作吸附剂，处理各种污染源产生的含酸废气；在石油化工、油脂、酿造等工业，用作吸附剂、脱色剂、催化剂；还用作生产农肥的阻凝剂、饲料添加剂、农药载体和黏结剂等。海泡石可由沉积作用或由蛇纹岩蚀变而形成。常与坡缕石、蒙脱石、高岭石、滑石、石英以及一些碳酸盐和硫酸盐矿物共（伴）生。土耳其埃斯基谢希尔海泡石矿床产于蛇纹岩风化壳中，是世界上最大的海泡石矿。中国著名产地有江西乐平、湖南浏阳、安徽全椒等。

坡缕石

坡缕石（palygorskite）是层链状结构硅酸盐矿物，化学组成为(Mg,Al)$_2$[Si$_4$O$_{10}$]（OH）·4H$_2$O，晶体属单斜晶系，又称凹凸棒石。英文名称与产地有关。1862年，首次发现于俄罗斯乌拉尔地区坡缕高斯克（palygorsk）矿山；1913年，苏联矿物学家A.Ye.费尔斯曼按产地命名；1935年，在美国佐治亚州凹凸堡发现了与坡缕石化学组成、晶体结构相同的富镁黏土矿物，命名为attapulgite（凹凸棒石）。它与早期发现的坡缕石是成因产状不同的同种矿物。国际矿物委员会于1983年推荐使用palygorskite（坡缕石）作为该矿物的统一名称。坡缕石通常呈白、浅灰、浅绿、褐黄色。晶体呈纤维状、针状；集合体呈土状、毛毯状或类似树皮状。有时像皮革或牛皮纸，裂片平坦，并能弯曲，俗称山软木。呈暗淡的丝绢光泽或土状光泽。莫氏硬度2～3，加热到700～800℃，硬度大于5。密度2.05～2.32克/厘米³。解理完全。坡缕石具有和海泡石一样良好的流变性（胶体性）、吸附性、催化性、阳离子交换等性能。吸水性强，吸水后不膨胀，具有黏性和可塑性；干燥后收缩性弱。广泛用作钻井胶体泥浆、各种黏结剂、农药化肥混合溶液的悬浮剂和载体、贮藏室等多种环境中吸附有害气体的除臭剂。用作金属矿精选、炼糖及啤酒酿造过程中去除悬浊物的助滤剂。以及用作太阳能储热材料，防腐涂层材料，建筑工业的绝热、隔音材料。经过热活化、

酸（碱）活化或有机活化的坡缕石，
能有效提高比表面积、改善孔结
构、增强吸附性等，从而进一步优
化其应用性能。坡缕石主要由沉
积作用或热液蚀变作用形成，常
与海泡石、蒙脱石、蛋白石、石英、

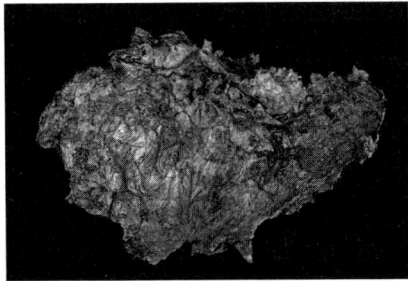

坡缕石集合体

白云石或方解石、一些硫酸盐和磷酸盐矿物共（伴）生。坡缕石在世界
许多国家和地区都有产出，但具有工业意义的矿床尚不多见。主要产地
有美国佐治亚州和佛罗里达州，西班牙卡塞雷斯－托雷洪盆地，俄罗斯
乌拉尔和苏格兰设得兰群岛等。中国的主要坡缕石矿区位于江苏、安徽
两省毗邻地区，甘肃会宁，贵州大方和四川珙县等地。

长　石

长石是化学式为 $M[T_4O_8]$，不含水的架状铝硅酸盐矿物。

◆ 化学成分

化学式中 M 主要是钾、钠、钙、钡；T 是硅和铝；O 是氧。长石
端元组分主要有 4 种：$K[AlSi_3O_8]$（钾长石，Or）、$Na[AlSi_3O_8]$（钠长石，
Ab）、$Ca[Al_2Si_2O_8]$（钙长石，An）、$Ba[Al_2Si_2O_8]$（钡长石，Cn）。许
多长石是 Or-Ab-An 三组分以不同比例混溶而成；其中钾长石和钠长石
（Or-Ab）可以在高温条件下完全混溶，温度降低混溶性减小；钠长石
与钙长石（Ab-An）在任何温度下都能混溶；钾长石与钙长石（Or-An）
几乎不混溶；钾长石和钡长石（Or-Cn）只能形成有限的混溶。

◆ **晶体结构**

长石矿物具有相类似的晶体结构。基本结构是 [TO$_4$] 四面体连接成四元环，一系列四元环连接成沿 a 轴延伸的折曲状的链，这些链再以共用四面体角顶的形式构成三维的硅（铝）氧骨架，大半径的钾、钠、钙、钡等离子位于骨架内的大空穴里。由钾、钠占据空穴，称碱性长石或钾钠长石；由钠、钙占据空穴，称斜长石或钠钙长石；由钡占据空穴，称钡长石。长石晶体的对称性，取决于铝、硅排列的有序程度及金属阳离子配位数的变化。在高温条件下形成的长石，由于铝和硅呈无序排列，均属单斜晶系；随温度降低，铝占据四面体的有序度增高，使原来由单斜点群镜面联系的四面体不再是等效的，结构就变成三斜晶系对称。根据晶体化学特征，将长石分为：碱性长石（钾钠长石）、斜长石（钠钙长石）和钡长石 3 个矿物族，但钡长石在自然界分布甚少。

①碱性长石。成分由 K[AlSi$_3$O$_8$] 和 Na[AlSi$_3$O$_8$] 构成类质同象系列的长石矿物，其中钾和钠呈简单的替代关系，而铝/硅比为 1：3 常数值。碱性长石包括三个矿物种：单斜晶系的透长石、正长石，三斜晶系的微斜长石。三者是 K[AlSi$_3$O$_8$] 的同质多象变体，称为钾长石。钾长石成分中，都含有一定数量的钠长石（Ab）分子和低于 5% ～ 10% 的钙长石（An）分子，有时也含极少量的钡长石（Cn）分子。正长石和微斜长石中，还常有少量铁替代铝。当透长石结构中 Al/Si 占位完全无序、有序度为 0，称高透长石（HS）；Al/Si 部分占位有序时，称低透长石（LS）或正长石。微斜长石可按有序度划分亚种；结构中 Al/Si 占位完全有序、有序度为 1，称最大微斜长石（MM）；有序度小于 1 的微斜长石，按其有序度的大

小又可分为高微斜长石、中微斜长石（IM）、低微斜长石。无色透明的正长石变种称为冰长石。歪长石 $(Na,K)[AlSi_3O_8]$，又称钾高透长石，是高温钠长石－透长石固熔体系列的中间成员，是 Or-Ab 系列

天河石

中较富钠长石的成员（Ab 分子含量在 63%～90%），属于钠长石的变种。钠长石（Ab）分子超过50%，称钠长石。钾长石在高温时形成均匀的混晶，温度下降会分离出两种晶体并互相定向交生，形成条纹长石和反条纹长石。当基体组分是钾长石，条纹组分是钠长石时，称条纹长石；反之，称反条纹长石。在实际工作中，将肉眼可见条纹长石称显纹长石；借用显微镜才能见到条纹的，称隐纹长石。月光石就是钾长石和钠长石定向连生，形成了细密条纹，在特定方向上呈现浅蓝色浮光效应的一种隐纹长石。天河石是一种绿色的微斜长石。

◆ **晶体及双晶**

长石晶体常呈柱状或板柱状。长石本是无色透明或白色，常被杂质染成浅黄、粉红、深灰、黄褐等色。有的长石在转动时，呈现变彩效应，如月光石，其彩晕是钾长石与钠长石定向连生所致；当斜长石中含有金属包裹体，可呈现砂金效应，如日光石，是斜长石中含有赤铁矿、针铁矿等微细晶片，而呈现出红色或金黄的色彩特征。长石莫氏硬度 6。密度以钡长石最高，达 3.39 克 / 厘米^3。碱性长石和斜长石密度在 2.56～2.76 克 / 厘米^3 变化，随成分中 An 含量的增高而增大，随

Or 含量的增高而减小。有两组完全至中等解理。单斜晶系的长石，两组解理夹角为 90°；三斜晶系的长石，夹角接近于 90°。长石双晶十分发育，双晶律多达 20 余种。正长石中常见的双晶是卡斯巴律 -[001]、曼尼巴律 -{001} 和巴温诺律 -{021}。微斜长石常见的双晶是肖钠长石律 -[010]。钠长石常见的双晶是钠长石律 -{010}，通常称聚片双晶。

◆ 分布和用途

长石是地壳中分布最广的矿物，约占地壳总重量 50%，是岩浆岩、沉积岩和变质岩重要的造岩矿物。自然界的长石并不稳定，在风化作用和热液作用条件下，易分解为高岭石、绢云母、沸石、葡萄石等。富含钙长石的碱性长石，易转变成绿帘石、黝帘石、方解石等矿物，同时释放出钠长石分子。中国主要长石产地有陕西临潼，山西闻喜，山东新泰，湖南衡山，四川旺苍、南江，辽宁凤城、海城和北京等。长石是重要的工业矿物。主要用作陶瓷坯料和釉料、玻璃熔剂、搪瓷配料和磨料等。天河石、日光石、月光石等色泽艳丽的长石，可作为彩石和宝石。

霞　石

霞石（nepheline）是架状结构硅酸盐类似长石矿物，化学组成为 $(Na,K)[AlSiO_4]$，晶体属六方晶系。英文名称来自希腊文 nephele，是"云彩"的意思，因为将霞石浸泡在酸中会变成云雾状而得名。霞石属于二氧化硅不饱和的铝硅酸盐，钠与钾的比值一般为 3∶1；成分中硅的含量一般多于铝，表现出铝的不足。晶体呈六方短柱状或厚板状，常呈粒状或致密块状。无色或灰白色，因含杂质而染成浅黄、浅绿、浅褐、蓝

灰或浅红等色，白色条痕。玻璃-
油脂光泽。半透明。解理不发
育。亚贝壳状断口。性脆。莫
氏硬度 5.5 ～ 6。密度 2.55 ～ 2.66
克 / 厘米 ³。主要产于与正长岩
有关的碱性侵入岩、火山岩及

块状霞石

伟晶岩中。挪威、加拿大是霞石最大生产国，在瑞典、俄罗斯的科拉半
岛和伊尔门山、肯尼亚和罗马尼亚都为其著名产地。中国辽宁、山西、
四川、云南、安徽等省也有产出。主要用作玻璃和陶瓷工业的原料，橡
胶、塑料、颜料、涂料的填充剂，生产矿棉和玻璃纤维的助熔剂，也用
作生产氧化铝、碱金属碳酸盐、化肥的矿物原料。呈油脂光泽的致密块
状霞石，又称脂光石。脂光石因含有显微矿物包裹体如辉石和角闪石，
有时可产生猫眼效应。

沸　石

沸石是含水的碱金属或碱土金属的铝硅酸盐矿物。1756 年瑞典矿物
学家、化学家 A.F. 克龙斯泰德在冰岛玄武岩中首次发现。由于它在吹管
加热下有发泡，似沸腾现象而得名。一般化学式为 $R_m(Al,Si)_pO_2p \cdot nH_2O$，
其中 R 是一价或二价碱金属或碱土金属元素；主要是 Ca 和 Na，其次是 K、
Ba 等。其成分除含水分子外，与长石相似，也具有长石的类质同象替代
类型。如：NaSi-CaAl、KCa-BaAl、Ca-2Na、Ba-2K 等。自然界已发现 90
余种，常见沸石矿物族包括：方沸石族、菱沸石族、水钙沸石族、片沸

石族、钠沸石族、丝光沸石族、锶沸石族。

沸石矿物晶体对称程度较低，以单斜、斜方对称为主，其形态随晶体结构类型和生成环境不同而异，多呈纤维状、柱状、板状和粒状。完整晶体少见，晶粒一般都很小。纯者呈无色或白色，常被染成各种浅色调。莫氏硬度 3.5～5.5。密度 2.0～2.3 克/厘米^3，含钡沸石达 2.7～2.8 克/厘米^3。较低的折光率 1.47～1.52 和重折率 0～0.05。加热失水剧烈。

沸石晶体结构是由 [AlO_4] 和 [SiO_4] 四面体以角顶相连构成三维骨架，骨架中存在宽阔的空腔及不同直径的空穴和孔道，碱金属、碱土金属和水分子分布在空腔和孔道中，金属阳离子与骨架的联系力弱。当加热或减压时，部分或全部水分子可从孔道里逸出，然后又重新吸水或吸附其他液体，而不破坏晶体结构。吸附能力与被吸附物质的极性、结构、大小等有关：极性强的分子、与沸石孔道尺寸相当者，首先被吸附。结构中的金属阳离子可与其他阳离子交换，交换结果对沸石结构影响很小，但能改变沸石性质。沸石对离子交换有选择性，受沸石自身结构（通道孔径尺寸、阳离子位置）、交换阳离子性质（离子半径、水合度、电荷数）及交换条件的影响。沸石比表面积很大，硅（铝）氧骨架上存在局部高电场和酸性位置，使沸石具有作为固体催化剂的固体酸性质。又由于沸石的表面 95% 以上是内表面，使其具有选择催化的特点。

工业上常将沸石作为分子筛，以净化或分离混合成分的物质，如气体分离、石油净化、处理工业污染等。还可用作离子交换剂、干燥剂、催化剂、水泥混合材料。可利用沸石选择性地吸附 NH_3、CO_2、H_2S、SO_2 等分子，净化环境，分离氧和氮、净化天然气，纯化氢气或使硫酸等化工产品增产。利用沸石的离子交换性或固体酸性能，控制环境污染、处理三废、从海水中提钾、淡化海水、软化硬水、改良土壤等。利用沸石催化性能，提高石油的质量和产率。天然沸石矿物具有分布广、储量大、成本低等优点，但也存在纯度不高等不足之处，使其利用受到限制。被利用的天然沸石矿物种也只占发现矿物种的四分之一，主要是斜发沸石、钙十字沸石、丝光沸石、毛沸石、浊沸石、菱沸石等。所以加强对天然沸石矿物的应用研究，对充分利用沸石资源有重要意义。沸石的特性引起人们极大兴趣，已人工合成100多种沸石用于工业，如人造含钠沸石已被广泛地用于软化硬水。

　　沸石是沉积岩中最丰富、分布最广的自生矿物之一，也是火山凝灰岩和火山碎屑沉积物的主要组分。海洋沉积物中有丰富沸石存在。沸石也常见于与晚期低温热液作用有关的蚀变火山岩中。变质岩中的沸石可作为变质程度的标型矿物。多数沸石是火山玻璃在碱性环境里与水反应的产物。日本、美国是世界沸石资源大国，著名产地有日本丸龟、土库曼斯坦、外高加索地区、美国加利福尼亚州和亚利桑那州。中国主要产地有浙江缙云、河北赤城、山东潍坊等。

第13章

宝石矿物

　　宝石矿物主要是天然形成矿物的单晶，多是自然元素、氧化物或含氧盐类矿物，其中硅酸盐矿物占近半数。决定宝石价值的主要因素是颜色艳丽、透明无瑕、光泽灿烂，或是呈现变彩、变色、星光、猫眼等光学效应；产出稀少；坚硬耐久，莫氏硬度较高，化学稳定性高。但符合上述宝石条件的矿物，亦不过 20 余种，如金刚石、刚玉、绿柱石、金绿宝石等。

◆ 分类

　　按照美观、耐久、稀少三个因素综合考虑，宝石一般可以分为高档宝石和中 - 低档宝石，前者又称贵宝石或珍贵宝石，包括钻石（金刚石）、红宝石（刚玉）、蓝宝石（刚玉）、祖母绿（绿柱石）和金绿宝石（猫眼石、变石），即通常所谓的五大宝石。除此，质量好的翡翠（硬玉）亦属于珍贵宝石之列。中 - 低档宝石又称半宝石，如坦桑石（蓝色黝帘石）、欧泊（贵蛋白石）、海蓝宝石、碧玺（电气石）、黄玉、锆石、橄榄石、尖晶石、石榴子石、月光石（长石的一种）、方柱石、绿松石、青金石、水晶、锂辉石等。评价天然宝石必须依据很多条件，即便是同种宝石，其品质（如颗粒大小、色相、亮度、饱和度、透明度、净度、清晰度、特殊的光学效应等）亦不相同，故优质半宝石的价格往往比劣质贵宝石还要高。由于自然界产出的宝石矿物，一般颗粒均较细小，伟晶岩产的宝石矿物颗粒较大，故宝石的价值通常以宝石个体重量的平方向上增长，而特别大或美丽且典型的宝石矿物甚至成为无价之宝。

◆ 成因

宝石矿物是地质作用的结晶，可以说几乎所有的地质成矿作用都可以产出宝石矿物，但以岩浆伟晶成矿作用、接触交代作用，以及热液成矿作用形成的宝石矿物最多。

岩浆伟晶成矿作用是在岩浆作用的晚期，由于熔体中富含挥发分组分，在外压大于内压的封闭条件下缓慢结晶，形成晶体粗大的矿物。形成的宝石矿物有绿柱石、电气石、黄玉、水晶等。

接触交代作用主要发生在岩浆岩同沉积岩或者变质岩（主要为碳酸盐类岩石）的接触带。在岩浆成因的热液作用下，岩浆岩体与碳酸盐类岩石之间发生化学成分的交换，在接触带上，形成了各种 Mg、Ca、Fe 的硅酸盐矿物，在结晶条件有利时，能形成晶体粗大的矿物。主要宝石矿物：镁橄榄石、尖晶石、透辉石、镁铝榴石、钙铝榴石、钙铁榴石、透辉石、方柱石、符山石等。

热液有多种来源：岩浆期后热液、火山热液作用、变质热液及地下水热液。与宝石矿床关系密切的为岩浆期后热液。岩浆期后热液是指在岩浆结晶作用过程中，其内部逐渐积聚了以水为主的含矿的挥发物质，并按温度的高低划分。①高温成矿热液：$300 \sim 500℃$，形成的主要宝石种类有石英、黄玉、电气石、绿柱石。②中温成矿热液：

200 ～ 300℃，形成的主要宝石种类有石英、玛瑙。③低温成矿热液：50 ～ 200℃，形成的主要宝石种类有石英、蛋白石、祖母绿。

火山成矿作用可形成火山玻璃、黑曜岩、部分欧泊和红色绿柱石等宝石矿物。与风化成矿作用有关的宝石种类有欧泊、绿松石、孔雀石、绿玉髓等。接触热变质使小颗粒晶体发生重结晶作用晶体增大，可形成部分尖晶石、红宝石等宝石矿物。

除原生成矿作用形成宝石矿物外，机械沉淀形成的砂矿中可产出几乎所有种类的宝石矿物。

晶形完美的宝石矿物晶体常作为优质的矿物样品和标本，用于研究、观赏、收藏等。

本书编著者名单

编著者 （按姓氏笔画排列）

王　濮　　叶振寰　　申俊峰　　李国武

李胜荣　　杨主明　　杨良锋　　吴宏海

汪正然　　张　健　　陆太进　　陈　武

陈代彰　　林承毅　　罗谷风　　季寿元

郑大瑜　　孟祥化　　赵爱醒　　袁　鹏

夏　玲　　翁玲宝　　黄　菲　　黄伯龄

曹正民　　蔡克勤　　蔡剑辉　　潘兆橹

魏　然